量子テレポーテーション

瞬間移動は可能なのか？

古澤　明　著

ブルーバックス

装幀／芦澤泰偉・児崎雅淑
カバー・章扉イラスト／村越昭彦
本文図版・目次／さくら工芸社

はじめに

本文に入る前にまず、筆者の自己紹介をしておこう。筆者は1996年から1998年まで、量子光学研究の第一人者である、米国カリフォルニア工科大学物理学科のジェフ・キンブル教授の研究室に滞在し、主に量子テレポーテーションの実験的研究を行った（写真A)。さらに、現在に至るまでずっと、東京大学工学部物理工学科において同様な研究を続けている。

したがって、すでに10年以上この「業界」で生きてきており、ある意味、この業界の「生き証人」のような存在にすらなりかけている（まだまだ若いつもりではあるが)。もちろん、現役の量子テレポーテーション研究者である。

このように、量子テレポーテーションの研究は私のライフワークになりつつあり、毎日とても楽しんでいるが、世間の反応（評価）は必ずしも正当ではないと日々感じている（単に被害者意識が過剰なだけなのかもしれないが)。さらに、昨今の物理離れで、高校での物理の履修者は加速度的に減り続け、このままでは物理学徒は、「絶滅危惧種」になってしまうのではないかと不安を感じている。絶滅は、筆者らの存在意義の否定と同じなので、本当に「崖っぷち」である。

そこで、筆者らの行っている量子テレポーテーションの研究が決して「オカルト」や「SF」ではなく（日本の権威ある物理学者がそう言っていたそうである)、正統な量

写真A　1998年、カリフォルニア工科大学物理学科キンブル研究室の量子テレポーテーション実験装置の前での筆者。

子力学の研究であることを説明し、さらに若い世代に魅力を伝える必要が生じた。それが、筆者の本書執筆の動機である。

もう少し付け加えると、量子テレポーテーションの「語源」となっている「テレポーテーション」は、『スター・トレック』などで出てくる瞬間移動のことであるが、これから説明しようとしている量子テレポーテーションは瞬間移動のことではない。後で述べるように、量子テレポーテーションでは「(量子) 情報＝存在」を伝送するだけである。さらに、光の速さを超えて伝送するという「眉唾」なことも起きない。つまり、「瞬間」で伝送はされない。あくまでも光速以下で伝送される。このように、量子テレポーテーションは、量子力学にも相対性理論にも反しない「単なる」物理学の話なのである。

量子テレポーテーションとはそもそも何なのかは、本文で詳しく説明するのでここでは述べないが、この研究は量子力学の研究そのものなのである。

どの解説書や教科書にも書いてあるが、量子力学は、古典物理学、早い話がニュートン力学で説明できないミクロな世界の物理現象を説明するために生まれた。

ただ、量子力学成立時の20世紀初頭に考えられた「シュレーディンガーの猫」や「アインシュタイン・ポドルスキー・ローゼン (EPR) のパラドックス (1－5節)」などの数々の思考実験 (頭の中での実験) は、宿題として残された。なぜなら、当時のテクノロジーではこの種の実験の実現は不可能だったからである。

物理学は実証学問であり、量子力学が正しいか正しくないかは実際にこれらの実験を行ってみないとわからない。したがって、これらが当時実現できなかったことから、量子力学はまだまだ完成していないと言える。と言うより、単に「ゲームのルール」がわかっただけで、その高等戦術(居飛車や四間飛車とか。将棋のたとえで失礼!)、つまり複雑な対象において量子力学が正しいかどうか、全くと言って良いほどわかっていないと言った方が正しい。

このような見方をすると、量子テレポーテーションは、量子力学の高等戦術の一つであり、21世紀のテクノロジー(正確には20世紀末のテクノロジーも含む)により初めて可能になったものなのである。もう少し言うと、量子テレポーテーションの成功は、「アインシュタイン・ポドルスキー・ローゼンのパラドックス」が破れること(量子エンタングルメントの存在)の実験的証明である。つまり、前述したように、量子テレポーテーションの研究は、量子力学の検証=量子力学の研究そのものなのである。

このように、物理学としてとても意味のある量子テレポーテーションを、現役の研究者がその経験に基づいて一般の読者に説明することには、意味があると思っている(筆者の思い込みに過ぎないかもしれないが)。また、自分の行った実験について述べるので、臨場感を持って楽しんでもらえるとも期待している。ただ、量子力学は、日常経験とかけ離れた世界の話であるため、しばしば読者は理解不能の状況に落ち込んでしまうと思われる。

しかし、はっきり言って、「量子力学がわかったと思ったら、それは量子力学を理解していない証拠である」と言った著名な物理学者もいるぐらいなので、筆者も含めた普通の人には完全な理解は不可能だと思われる。少なくともそれぐらいの気持ちで、気軽に読むことを勧める。もちろん、読者が「少しわかったような気がする」と思えるように筆者は最大限努力するつもりであるが……。

したがって、少しぐらいわからなくても、読み進めて欲しい。初めて読んだときはよくわからなくても、あとで振り返ってみるとわかったような気になってもらえるよう努力したつもりである（例えば、小学生の算数の問題を、中学生になって方程式で解くと、簡単に感じるようなものである）。もし、それでも全く理解できない場合は、是非大学に進学して物理学を専攻して欲しい。

前書きも長くなってしまったので、そろそろ量子テレポーテーションに話を進めよう。まず、その歴史について第1章で述べる。

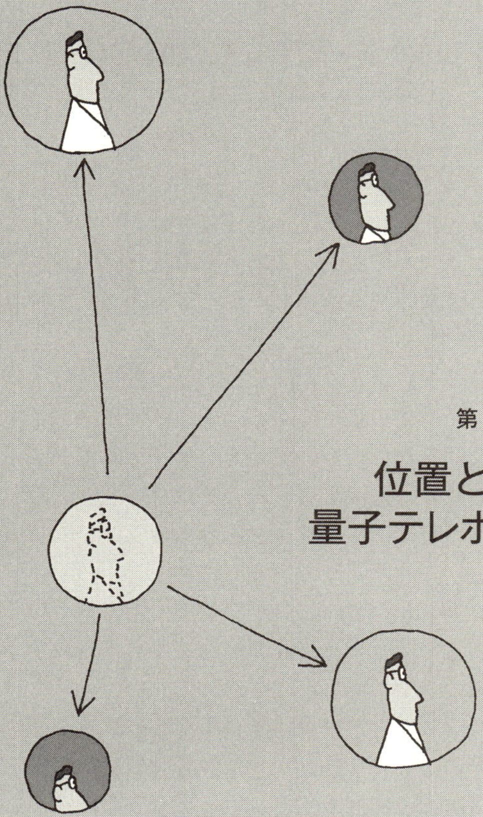

第1章
位置と運動量の量子テレポーテーション

1・1〉 量子テレポーテーション史の簡単な紹介

無関心の時代

量子テレポーテーションは1993年、IBMのベネットらにより初めて提案された。当時はまだ、量子コンピューターの代表的アルゴリズムであるショアの素因数分解アルゴリズム（後述）が提案される前であったため、あまり注目を集めなかった。

それは当時、量子を伝送するだけなら、その量子自体を何らかの方法、例えば光の量子である光子ならば光ファイバーを用いて送ればそれで済むので、何も量子テレポーテーションのような難しい方法を用いる必要はないと考えられたからである（本当は、それ自体意味のあることなのであるが）。

さらに、量子コンピューターと量子テレポーテーションは、あまり関係のない話と考えられていたことも、注目を集めなかった要因の一つである。

ここで、量子コンピューターとは、量子力学的性質を積極的に使い、従来のコンピューターでは計算時間的に不可能であった問題（解くのに何万年もかかってしまう問題）を瞬時に解くことのできる「魔法の」コンピューターのことである。また、量子コンピューターの用いる量子力学的性質とは、この本で詳しく述べる「量子エンタングルメント（もつれ）」である。

従来のコンピューターでは計算量的に解けないが、量子コンピューターでは非常に速く解ける問題の代表例は、素因数分解（1つの大きな数が、2つの素数の積であることを計算すること）であり、この量子コンピューターのアルゴリズムがショアの素因数分解アルゴリズムである。

素因数分解が注目される理由は、現在のインターネット等での情報セキュリティにおいて、その要（かなめ）である素因数分解が、従来のコンピューターでは時間がかかりすぎて、事実上できないことに立脚しているためである。つまり、早い話、素因数分解が簡単にできてしまうと、インターネットでクレジットカードの番号が簡単に盗まれてしまうのである。

最も簡単な量子コンピューター

話を量子テレポーテーションに戻そう。1994年、ショアにより量子コンピューターを用いた素因数分解アルゴリズム、いわゆるショアのアルゴリズムが提案され、量子コンピューターの研究が爆発的に広がると、状況は一変した。なぜなら、量子テレポーテーションが、最も簡単な量子コンピューターだからである。

後で述べるが、量子テレポーテーションは、「入力に重ね合わせの状態を許す」、「入力状態を一括に処理する」、「処理の途中で量子エンタングルメントが形成される」という量子コンピューターの条件を満たす最小の単位となる（図1−1）。

量子テレポーテーションはこのように「最も簡単な量子コンピューター」であるため、ある物理系で量子コンピューターを実現したいとき、まずその物理系で行われるとい

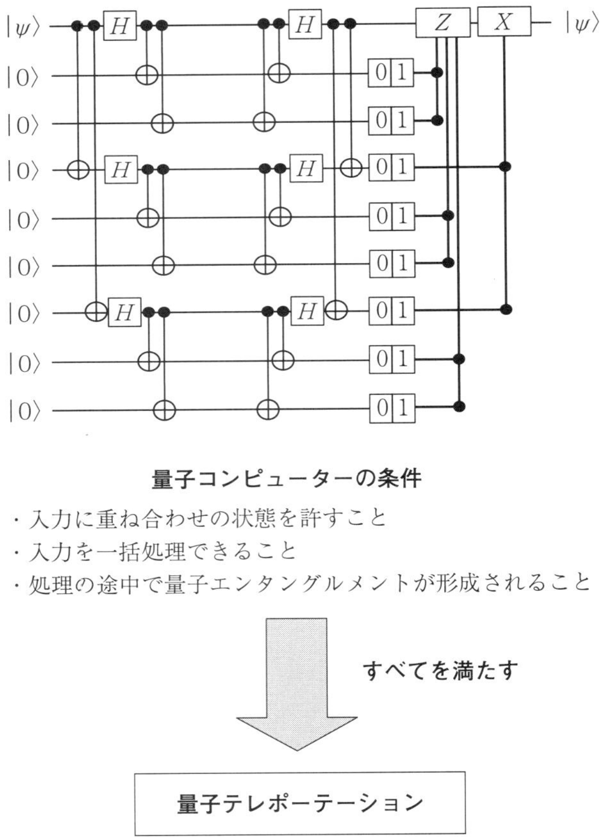
|ψ⟩
|0⟩
H
Z
X
0 1
量子コンピューターの条件
・入力に重ね合わせの状態を許すこと
・入力を一括処理できること
・処理の途中で量子エンタングルメントが形成されること
すべてを満たす
量子テレポーテーション

図1-1　量子コンピューターの条件と量子テレポーテーション。

う「試金石」の役割を果たしている。つまり、ある物理系で量子テレポーテーションという最も簡単な量子コンピューターが動作すれば、その物理系で一般の複雑な量子コンピューターをつくることができる根拠となる。

ベネットらの提案した量子テレポーテーションは、入力状態として、2つの状態しか取らない、いわゆる量子ビットしか許さなかった（この本では2分の1スピンの量子テレポーテーションと呼ぶ）。これに対して、1994年、ヴェイドマンはあらゆる量子状態を入力状態として許す量子テレポーテーション（この本では位置と運動量の量子テレポーテーションと呼ぶ）を提案した。

実験的には、1997年、ベネットらにより提案された量子テレポーテーションが、ザイリンガーらにより条件付きで実現された。さらに、筆者らにより1998年、ヴェイドマンにより提案されたあらゆる量子状態を入力状態として許す量子テレポーテーションが実現されている。

量子テレポーテーションの2つの流れ

そのような目的のもと、いろいろな物理系、例えば光、イオンなどで量子テレポーテーションが行われている。その中には、情報の伝送がすぐ隣にある原子間で行われるというようなものもあり、決して「テレ」ポーテーションとは呼べないようなものもある（テレポーテーションの「テレ」はテレコミュニケーション（長距離通信）の「テレ」である）。しかし、最も簡単な量子コンピューターが動作したと考えれば、これらも意味があることなのである。

現在、量子テレポーテーションの研究には2つの流れがあるように思う。1つは、文字通り「テレ」（長距離）を意識した情報通信への応用研究である。これには、光（光子）を用いるしか方法はないが、通信路には損失があるため、光子が受信側に届いたときにのみ通信が成立するという、ポストセレクション（事後選択）という条件付きでの操作になる。

また、この方法では必然的に受信側で測定を行わねばならず（特に2－3節で述べるザイリンガーの方法）、そのため送られてきた光子の量子状態（量子状態については次節で説明する）は壊れてしまう。

量子コンピューターとして考えた場合、複雑な計算をするときは連続して量子テレポーテーションをすることになるが、量子テレポーテーションの受信側（出力側）で量子状態が壊れてしまうと、それは不可能になってしまう。したがって、ポストセレクションを用いた量子テレポーテーションは、長距離通信専用と言うことができる。

量子テレポーテーションの意義

もう1つは、「テレ」を意識せずに、基本的な量子コンピューターとして考える流れである。この場合は、操作（処理）を行ったときは必ず出力が存在する（必ずしも正しい出力である必要はない）ことが求められる。もちろん、正しい出力が出る確率はそれなりに高い必要はある。ただし、100パーセントの成功確率で起こる自然現象は存在しないので、それほど深刻に考える必要はない。

一般に、量子コンピューターでも通常のコンピューターでも、自然現象（通常のコンピューターであればトランジスターゲート）を用いて処理を行っているが、その成功確率は100パーセントではないので、「エラーコレクション（誤り訂正）」ということを行っている。そのため、内部に多少のエラー（誤り）があっても最終出力にはエラーがないことになっている。電卓で「イチ足すイチ」を何度計算しても「ニ」以外の答えが出てこないのは、内部に多少エラーがあっても、最終出力にはエラーがないようにエラーコレクションを行っている典型的な例である。

脱線したが、重要なことは、必ず出力を出し、それなりに高い確率で正しいということである。この研究の流れとしては、ポストセレクションではない光を用いた方法（3－1節で述べる）やイオンや原子を用いた方法がある。

もちろん、ここまで述べたような量子コンピューターという「応用」以上に、量子テレポーテーション研究には大きな意義がある。それは、「はじめに」で述べたような、21世紀のテクノロジーを用いて量子力学を検証するということである。

シュレーディンガーやアインシュタインらの頭の中だけで行われていた実験を、現在のテクノロジーを用いてテーブルトップで実現するというのは、考えただけでもわくわくするのではないだろうか？　少なくとも筆者は良い時代に生まれてきたと思っている。

1・2〉 量子情報・量子状態とは

存在＝情報

いきなり「量子情報」「量子状態」などという難しい言葉について説明する。そうしなければならない理由は、量子テレポーテーションではこの量子情報・量子状態を伝送するからである。つまり、この言葉なしでは、量子テレポーテーションを説明しようがないのである。また、量子情報を扱うからこそ、量子テレポーテーションが（最も簡単な）量子コンピューターなのである。

まず、人間の存在という哲学的なことを考えよう。人間、つまり私たちの体は、原子あるいはそれを構成する原子核や電子でできている。それでは、同じ種類、同じ数の原子核や電子を用意すれば、それで同じ人間をつくれるかというと、その答えはノーである。

原子核や電子に個性はないから、つくれそうなものではある。何故できないのであろうか？　その理由は、同じ人間をつくるには、その体を構成しているすべての原子核や電子の位置と運動量を測定によって決め、それに基づいて別に用意した同種・同数の原子核・電子を配置・運動させなければならないが、それは後で述べるように、できないことになっているからである。したがって、人間の存在の根源的なものは、原子核や電子の存在そのものではなく、それらの配置・運動の情報ということになる。あるいは原子核や電子の状態と呼んでも良いかもしれない。

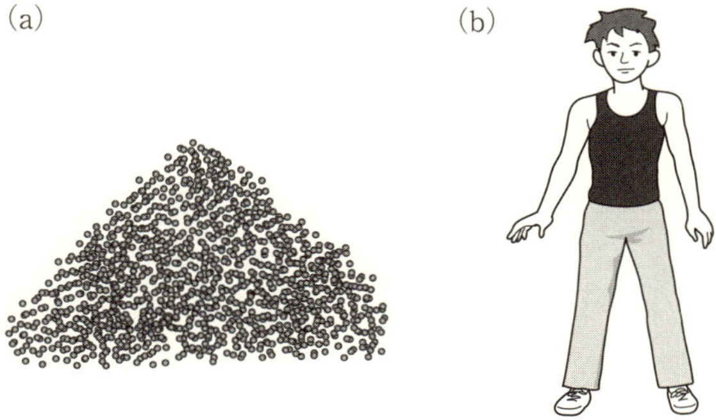

図1-2　(a) 原子の集団と (b) 人間。

いずれにしても、原子核や電子（原子）だけでは図1－2 (a) のように「砂山」のようなものであるが、そこに配置・運動の情報が加わると人間になるのである（同図(b))。もちろん、この話は人間に限ったことではなく、物質・生命すべてについて同じことが言える。ある意味、「**存在＝情報**」なのである。

さらに、配置（位置）・運動量の2つの量の情報さえわかれば、その量子の状態は完全にわかったことになる（あとの量はそれらから計算できる）から、それらは根源的な物理量であると言える。

量子力学は量子を記述する「言語」

さらに、原子核と電子の力学法則（どのように運動が起こるかのルール）について考えてみよう。原子核と電子は量子と呼ばれるが、その運動は「はじめに」で述べたようにニュートン力学には従わず、量子力学に従う。つまり、量子力学とは、原子核や電子のような微小な物体＝量子の力学法則である。

それでは、なぜ量子の運動はニュートン力学に従わず、量子力学に従うのかというと、それは筆者にはわからない。そこにあるのは、量子力学で計算した結果と実験結果が合うという事実だけである。残念ながら、ニュートン力学で計算した結果と量子の実験結果は合わないのである。

原子核や電子という量子の運動は量子力学の法則に従って起こるが、なぜそうなるかには理由はなく、それらの運動が矛盾なく記述できるというだけである。極端に言えば、量子力学とは量子について記述できる、現在人間が知っている最良の「言語」ということになる。もちろん、完全でないかもしれない。しかし、今のところ、それより良い「言語」は知られていない。

このような量子力学の根幹は不確定性原理である。不確定性原理とは、1つの量子の位置と運動量のような共役物理量（先ほど述べた根源的な物理量）は同時には決まらないというものである。これもどうして不確定性原理が成り立っているかは筆者にはわからない。それを仮定して成立している量子力学が自然現象を説明できるというのが、唯一の成立の根拠である。

話を人間の存在に戻そう。前述したように、「存在＝情報」なのであるが、その根拠となっているのが不確定性原理である。不確定性原理のため、人間の体を構成している原子核や電子のような量子の位置と運動量を同時に決めることはできない。したがって、「存在＝情報」はもっと正確に言うと、「存在＝量子情報」ということになる。ここで、量子情報とは量子の情報のこと、つまり量子の位置と運動量のことである。

位置と運動量は同時には決まらない

もう少し深入りしよう。量子情報（位置と運動量）と非常によく似た考え方として、量子状態（量子の状態）という考え方がある。これらは多くの場合、同じものと見なすことができるが、本書ではあえて少しだけ違ったものと考える。ただし、その差は本当に「微妙」であることを予め注意しておく。実際、量子テレポーテーションについて考えなければ、その差を取り沙汰する必要はないように思われる。

量子状態は不確定性原理を取り入れた量子の状態の記述法である。これは難しく言うと「ヒルベルト空間におけるベクトル」であるが、このようなことを言っても何のことだかわからないので、ここではもう少し「目に見えるようなかたち」で示すことにする。

表現の方法はいくつかあるが、どれも帯に短しタスキに長しの感がある。最も「マシな」量子の姿の表現は、図1−3の右図のように、測定するとある決まった**確率分布**で位置や運動量の値が得られる「雲」みたいなものとなる。ここでは、位置と運動量の値は同時には決まらない様子を「雲」みたいに表現している。もう少し言うと、同じ量子状態にある量子が多数あったとき、それぞれで位置か運動量を測定し統計を取ると、その確率分布を得ることができる。

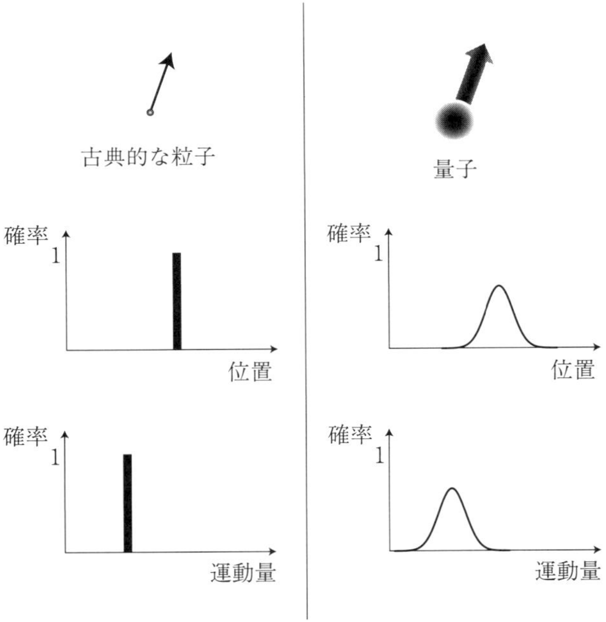

図1-3　古典的な粒子と量子　古典的な（量子力学的ではない）粒子、例えば野球のボールなどは、位置と運動量の値を測定により完全に決めることができる。しかし、量子では位置と運動量の値を測定により同時に決めることはできない。さらに言うと、決めることができないというだけでなく、そもそも決まった値はない（と考える）。

さらに、測定を行うと測定値を得ることができるが、後で述べるように、量子状態（位置と運動量の確率分布みたいなもの）は、測定前後で変化してしまうことに注意が必要である。例えば、人間を構成している原子それぞれで位置や運動量の測定を行うと、人間（図1－2（b））は単なる原子の集団（図1－2（a））になってしまう。もう少し丁寧に言うと、例えば運動量を測定すると、位置は全く定まらなくなり、バラバラになってしまう。

確率分布でしかわからない

ここまでの説明で1つだけ注意したいことがある。それは、本書では同じ量子と言ったとき、それは同じ量子情報（位置と運動量）を持つ量子のことで、同じ量子状態にある量子とは意味が違うのである。後で述べるように量子情報はコピーできないが、仮にできたとして、それらを図1－4のように量子A、A'とする。

量子A、A'に対し**同時に**位置を測定したら必ず同じ値Xを、**同時に**運動量を測定したら同じ値Pを与える。もちろん、位置と運動量は同時には測定により決められないが、どちらか片方なら正確に同じ値を与える。さらに言うと、どんな物理量でも1つであれば、同時に測定したときには正確に同じ値を与える。これが同じ量子、つまり同じ量子情報を持つということの意味である。

ただし、取り得る測定値X、Pの分布は、図1－3で示したように、同じ量子状態にある量子が多数あったときに位置あるいは運動量を測定した場合の確率分布と同じになる。つまり、同じ量子は、1つの物理量の同時測定を行え

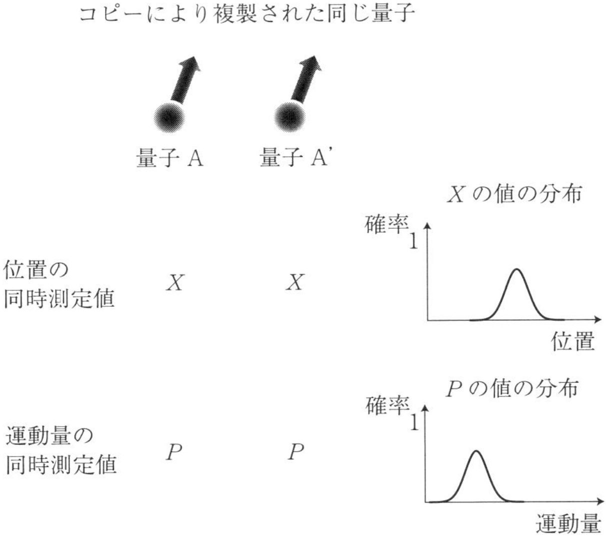

図1-4 コピーにより複製された量子A、A'において、同時に位置あるいは運動量を測定。この場合、位置あるいは運動量の測定結果は必ず同じ値になる（もちろん、位置と運動量の同時測定は「御法度」である）。また、その値の確率分布は、同じ量子状態にある量子において測定した図1−3の確率分布と同じになる。

ば同じ値を与えるということが「確定」しているだけで、与える測定値そのものに関しては、測定してみなければわからない（確率分布を持つ）ということなのである。

ただ、このような状況は、明らかに一種の「テレパシー」なので、量子力学に詳しくない人でも、このようなことを可能にする量子情報のコピーは不可能ということに同意してもらえると思う。

さらに言うと、仮にコピーが可能であっても、不確定性原理のため、実験で同じ量子であることを示すことはできない。なぜなら、1つの量子については1つの物理量（位置または運動量）しか決められないため、例えば、図1−5に示したように、位置について正確に同じ値であることがわかっても（もちろん、位置の値は分布を持っている）、その測定により量子は乱されてしまうために、運動量のことはわからなくなってしまうからである。

一方、図1−6のように、全く同じ量子状態にある量子が2つあったとしたら（前述した、同じ量子状態にある多数量子の中の2つと考えても良い。また、後で述べるが、光を用いた実験では同じ量子状態を持つ複数の量子を生成することは、それほど難しいことではない）、それらは**同時に**それぞれで位置や運動量を測定しても（1つの量子で位置と運動量を同時に測定すると言っているわけではない。2つの量子それぞれで、位置なら位置、運動量なら運動量を同時に測定するという意味である）、必ずしも同じ値を与えるわけではない。

もちろん、2つの量子の状態は同じであるので、位置や運動量の測定値の確率分布は同じになる。このようなこと

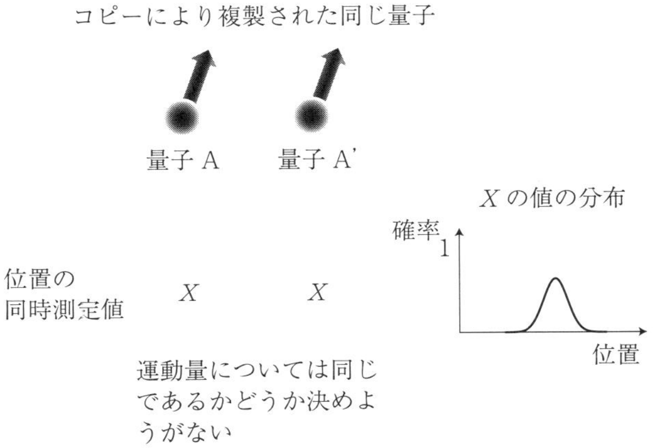

図1-5　コピーにより複製された量子A、A'において、同じ量子であることを検証することは不可能である。例えば、位置を測定し同じであることがわかっても、不確定性原理により、運動量に関してはわからなくなってしまう。

から、同じ量子、つまり同じ量子情報（位置と運動量）を持つ量子と、同じ量子状態にある量子は意味が違うとしておいた方が都合が良いのである（哲学的には難しい問題かもしれないが)。

量子力学のルール

量子状態を実験的に決める方法についても少し述べる。そもそもこれがなければ、量子力学という概念はあるものの、その実験をしようがないからである。前述したが、物

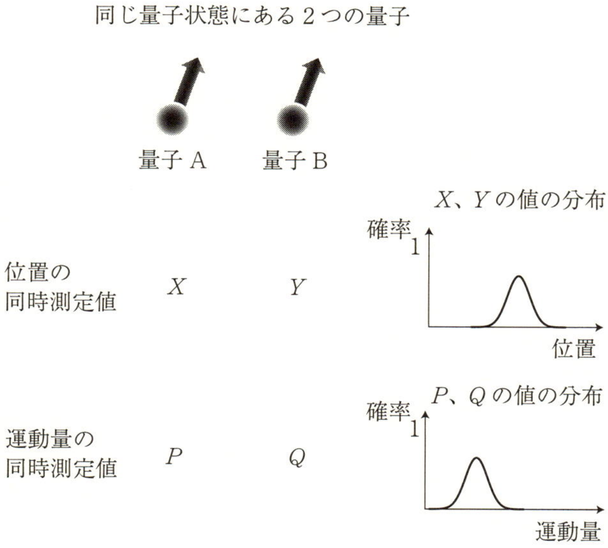

図1-6　同じ量子状態にある2つの量子A、Bにおいて、同時に位置あるいは運動量を測定。この場合、位置あるいは運動量の測定結果は必ずしも同じ値とはならない（もちろん、位置と運動量の同時測定は「御法度」である）。また、その値の確率分布は、同じ量子状態にある量子において測定した図1−3の確率分布と同じになる。

理学は実証学問なので、実験ができなければ、その概念が正しいか正しくないか確かめようがない。

ここまでの話でしつこく述べてきたように、量子力学には不確定性原理があるため、1つの量子しかない場合、その量子の量子状態は決めようがない。それでも、同じ量子状態にある量子が多数あれば、量子状態を決めることができる。それは図1−7のように予め同じ量子状態にある量子を多数用意し、それを2つのグループA、Bに分け、グループAではひたすら位置を、グループBではひたすら運動量を測定し、測定値の分布を調べるという方法である。このようにすれば、図1−3の確率分布を求めることができ、量子状態を決めることができる。

この節を終えるに当たって、少し注意したいことがある。それは、この節の後半で述べたことが、量子力学の最もややこしいところ、あるいは量子力学を嫌いにさせる原因であるということである。残念ながら、読者にはこれに慣れてくれとしか言いようがない。筆者としては、どうしてこのようになるかの理由を知る必要はないが（そもそも説明できないが）、このようになっているということだけは心に留めておいてもらいたいと思う。

筆者も含めて、この部分が量子力学をわからなくしている部分であるが、我慢するしかないのである。そもそも、この辺りは理解するべき部分ではなく、一種のルールと考えるべきであろう。

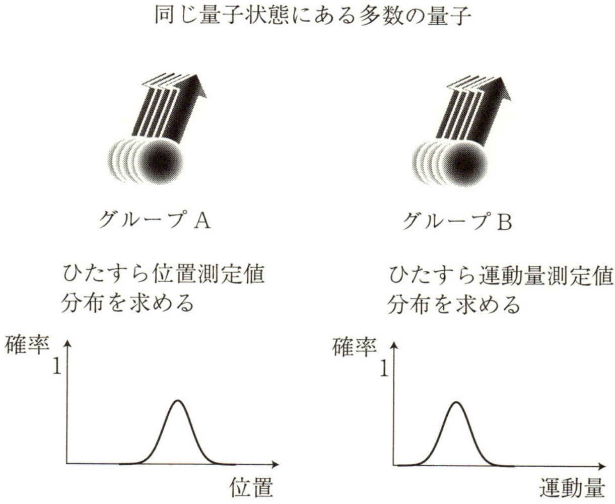

図1-7　量子状態の実験的決定法　同じ量子状態にある量子を多数用意し、それを2つのグループA、Bに分け、グループAではひたすら位置を、グループBではひたすら運動量を測定し、測定値の分布を調べる。その結果、図1-3の確率分布を求めることができる。

1・3〉 量子テレポーテーションの簡単な説明

やっかいな不確定性原理

量子テレポーテーションとは、量子情報・量子状態を伝送し、受信側で全く同じ量子情報・量子状態を再現することである。これは、前節で説明したように、ある意味で量子を送るのと同様な意味がある。量子の存在は情報のことだからである。

原子核の量子テレポーテーションの例では、原子核という量子そのものを伝送するのではなく、その量子情報、つまり位置と運動量の情報を送り、その量子状態にある原子核を受信側で再現することになるが、これは原子核そのものを送ったことに等しい。

また、仮に人間の量子テレポーテーションを行うとすると、人間を構成しているすべての原子核や電子の（相対的な）位置と運動量の情報（量子情報）を送り、その情報に基づいて予め受信側に用意しておいた原子核・電子に操作を施すことにより、送りたかった人間を受信側で再現することになる。ただし、これらを行うためには、いくつかの障害がある。

まず、不確定性原理のために、量子の位置と運動量を同時に測定により決めることはできないから、量子テレポーテーションの送信側での測定では、量子情報（位置と運動量の情報）を完全には得ることができない。さらに、量子は一度測定を行ってしまうと状態が変化してしまう。何故なら、もし状態が変化しないのであれば、最初の測定で位置を測り、次の測定で運動量を測ることができてしまい、不確定性原理に反するからである。

このことは別の言い方でも表現できる。「送信側の人間（量子情報・量子状態）は消えて、受信側に現れなければならない」という言い方である。つまり、量子情報・量子状態はコピーできない。仮に送信側で消えないとすると、同じ人間が送信側と受信側の双方にいることになる。これは、人間をコピーしたことになってしまい、この制限に引っかかる。

ここで、この表現は「人間をコピーできない」と言っているようにも取れるが、真意は、「人間が量子の集合体で、その量子の状態がコピーできなければ、人間もコピーできない」と言っているだけである。もし、人間が量子の状態で記述できない、もう少し正確に言うと、人間が古典力学（ニュートン力学）で記述できるとしたら、原理的にはコピーできる。ただ、そうなったらいろいろ不都合なことが起こりそうではあるが。

不確定性原理の壁を破る

話を元に戻す。同じことを言葉を換えて言っているに過ぎないが、量子情報・量子状態がコピーできない理由は、簡単に言うと、仮にコピーできてしまうと、例えば1つの量子状態をコピーして2つにし、片方で位置を測り、もう片方で運動量を測れば、位置と運動量が同時に決まってしまい不確定性原理に反するからである。

いずれにしても、量子力学の根源は不確定性原理である

アリス側のノイズ
ボブ側のノイズ

図1-8 アリスとボブが非常に大きなノイズを共有。

ため、どのような障害も、とどのつまりは不確定性原理ということになる。量子テレポーテーションではこれら不確定性原理の壁を次のように回避する。

1. 図1−8のように送信者（アリス）と受信者（ボブ）の間で、非常に大きなノイズを共有する（同じノイズをアリス、ボブそれぞれで持つ）。これはある意味で「煙幕」みたいなものである。
2. アリスは送りたい状態にある量子（図1−9の矢印が付いている丸）とこの非常に大きなノイズ（図1−9の大きな丸）を合わせて、位置と運動量の測定を行う。ただし、ノイズが大きすぎて送りたい量子の情報は何一つ得ることはできない。つまり、図1−9のように「煙幕」が張られていて何も測定できない。正確に言うと、ノイズだらけで送りたい量子状態の情報は判別できないが、何らかの測定結果を得ることになる。
3. アリスは、ノイズだらけの測定結果をボブに送る。

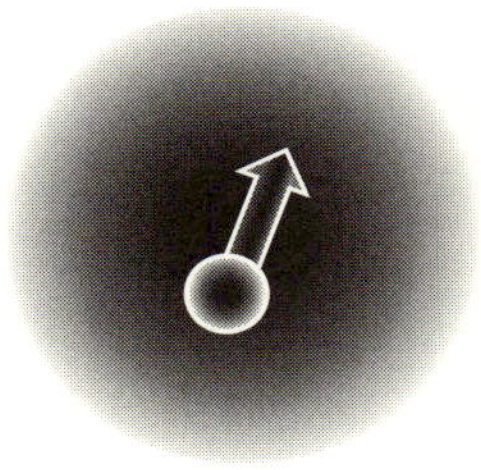

図1-9　アリスが非常に大きなノイズを持っている状況で、送りたい量子の位置と運動量を測定。ここでは1つの量子を送っているように描いているが、それに限定されるわけではない。

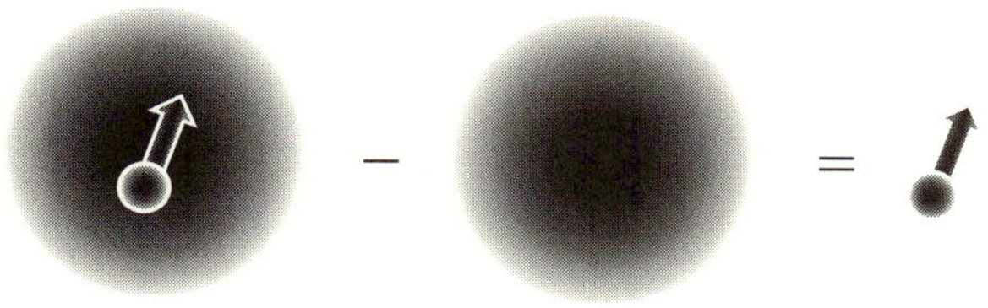

図1-10　ボブは、自分のところにあるアリスと共有しているノイズを用いて、ノイズを消し去り、アリスが送りたかった状態にある量子を再現する。

4. ボブは、自分のところにあるアリスと共有しているノイズを用いて、アリスから送られてきた測定結果からノイズの分のみを消し去り、アリスが送りたかった状態をボブ側にある量子で再現する（図1−10）。

ここでのエッセンスは2つある。1つは、アリス側での測定では送りたい量子の情報を何も抽出していないことである。情報を抽出しなければ、測定していないのと同じなので、送りたい量子情報・量子状態は変化しない。ここで、測定とは何かをちゃんと定義する必要はあるとは思うが、それはあえてしない。その理由は、ちゃんとした定義は存在しないからである。

しかし、ここでは「**測定＝情報を得ること**」ということにしておこう。

量子情報・量子状態はコピーできない

もう1つのエッセンスは、いずれにしても（情報は取り出していないものの）アリス側で測定という行為を行うので、ノイズと送りたい量子の状態を合わせたアリス側での「状態」は壊れてしまうことである。ここで、「壊れる」という言い方は、量子が秩序だって存在している人間の状態（図1－2（b）の状態）が、図1－2（a）の状態、つまりバラバラの原子集団になってしまうという意味であって、決して原子核分裂のようなことが起こっているという意味ではない。

しかし、この様子は「状態が変わる」という生やさしいものではなく、明らかに人間としての存在が「壊れる」と言った方が相応(ふさわ)しいと思われる。アリス側の測定で、送りたかった量子の状態が「壊れる」ので、量子テレポーテーションが成功してボブ側に再現される量子状態は唯一の存在となる。

このことは量子情報・量子状態はコピーできないという条件をクリアしていると言える。いずれにしても、このクリアの仕方、つまり送信者側で量子情報・量子状態が消え、受信者側で現れる様子から、SF小説のテレポーテーションに因(ちな)んで、量子テレポーテーションと名付けられた。したがって、量子の状態がアリス側で「壊れる」というのは、量子テレポーテーションにおける最も重要なエッセンスと言える。

以上のように、量子テレポーテーションでは、巧みに不確定性原理の壁を回避しているが、この様子をそれなりに理解するためには、もう少し詳しく量子力学の原理について理解しなければならない。そのために次節以降で、「重ね合わせの原理」と「波束の収縮」、「量子エンタングルメント（もつれ）」について述べることにする。

量子テレポーテーションの検証は難しい

次の節に移る前に少しだけ述べておきたいことがある。それは、量子テレポーテーションの成功をどのように検証するかということである。また、この検証について考えると、より深く量子テレポーテーションを理解できるようになるとも思われる（筆者の勝手な思い込み??）。

結論から述べると、この検証はとても難しい。なぜなら、前で述べたように送りたかった量子の状態が壊れてしまうからである。つまり、量子テレポーテーションの結果、何らかの量子情報・量子状態がボブ側に現れても、それを元の量子情報・量子状態と比較できないのである。

簡単に考えつくのは、図1−11のように、同じ量子状態

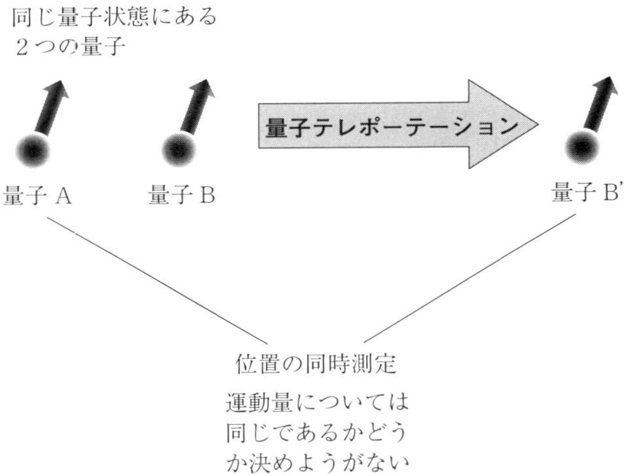

図1-11　我々が簡単に思いつく量子テレポーテーションの検証　ここでは、位置と運動量を同時に決められないことから、同じ状態であるかどうかすらわからないが、仮に同じ状態であったとしても、量子テレポーテーションの検証とはならない。

にある量子を2つ用意し、その片方を量子テレポーテーションし、もう片方を手元に残しておいて、両方を同時に測定するという方法である。しかし、これは解決にはならない。何故なら、測定により1つの物理量に関しては検証できるが、その（同時）測定により、量子は別の状態になってしまう（壊れてしまう）から、他の物理量に関しては検証しようがない。つまり、位置と運動量の両方に関して等しいことを検証しようがないから、同じ状態にあるとは言えないのである。

さらに言うと、仮に同じ状態であることが証明できても、それでは不足なのである。何故なら、図1－6で示したように、同じ量子状態は必ずしも同じ量子（同じ量子情報）を意味しないからである。量子テレポーテーションでは、送りたかった量子と同じ量子がボブ側に現れるはずなので、図1－4に示した複製のように、全く同じ量子がボブ側に現れなければならない（もちろん、複製は禁じられている）。つまり、どの物理量を同時に測定しても同じ値を与えるはずであるが（同時測定ができればであるが）、そもそも同時測定は不可能なので検証のしようがない（図1－12）。

量子テレポーテーションの検証は可能か？

量子テレポーテーションの検証として我々がせいぜいできるのは、図1－13のように、同じ量子状態にある量子を多数用意し、半分をそのままとっておき（グループA）、残りの量子（グループB）をせっせと量子テレポーテーションし（グループB'）、それぞれで位置と運動量を測定し、

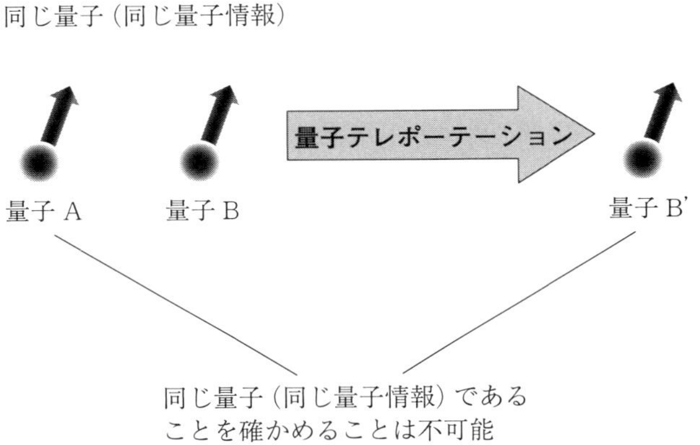

図1-12　仮に量子を複製できるとする。その片方の量子Bを量子テレポーテーションし、ボブ側に現れた量子をB'とする。すると、量子テレポーテーションの検証は、量子Aと量子B'の同一性の問題となる。しかし、これは検証しようがない。したがって、量子テレポーテーションの検証は不可能のように思えてしまう。しかし、幸いなことに、これには検証の方法がある。これについては、1－6節「量子テレポーテーションの少し突っこんだ説明」で述べるので、楽しみにしていてもらいたい。

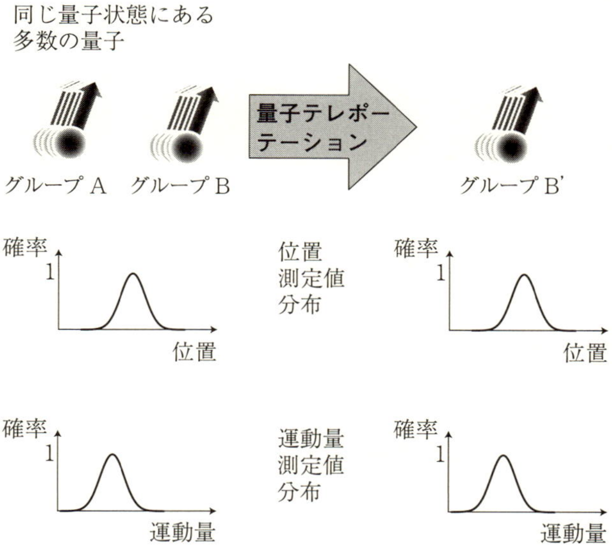

図1-13　同じ量子状態にある量子を多数用意し、それを2つのグループAとBに分け、グループBに量子テレポーテーションを行い、グループB'とする。グループAとグループB'それぞれで位置や運動量の測定を行いその分布を決める。この分布が位置と運動量の両方で同じであったら量子テレポーテーションは正常に行われていることをある程度示唆している。

その分布を決めることぐらいである。その結果、分布が同じなら同じ量子状態であるから、量子テレポーテーションは正常に行われていることを「ある程度示唆する」ことができる。

「ある程度示唆する」とした理由は、上で述べたのと全く同じで、同じ量子状態は必ずしも同じ量子（同じ量子情報）を意味しないからである。この状況の整理のために、図1－4と図1－6をまとめて、図1－14として再掲しておく。図1－14のように、同じ量子、つまり同じ量子情報であるとしたら、どのような物理量を測定しようが同じ値を与えるはずであるが、確率分布（量子状態）が同じだけではそうなるとは限らないのである。

以上のように、2つの量子が同じ量子であることを検証するのが不可能なように、量子テレポーテーションの検証も不可能のように思える。しかし、そうでもないのである。詳しくは、1－6節の「量子テレポーテーションの少し突っこんだ説明」で述べる。

1・4〉 重ね合わせの状態と波束の収縮

量子は1つ

前述したように、不確定性原理が量子力学の根源であるが、これを認めるといろいろ不可思議なことが起こる。その例が、位置と運動量を測定により同時に決められないことであり、量子情報・量子状態のコピーが不可能なことであった。ここでは、位置または運動量を測定により確定し

同じ量子状態にある（確率分布を持つ）2つの量子

同じ量子（同じ量子情報）

量子 A	量子 A'		量子 A	量子 B
X	X	位置 同時測定値	X	Y
P	P	運動量 同時測定値	P	Q

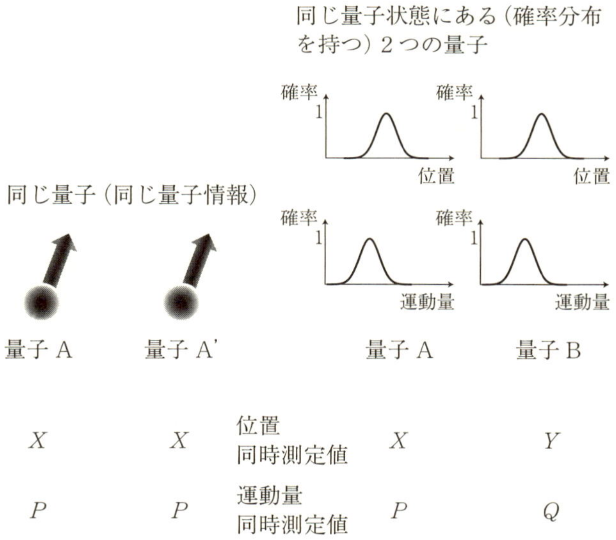

図1-14 同じ量子（同じ量子情報）2つと、同じ量子状態にある（同じ位置と運動量の確率分布を持つ）2つの量子。同じ量子では、どの物理量を測定しても同じ値を与えるが、同じ量子状態にある2つの量子では同じ値になるとは限らない。

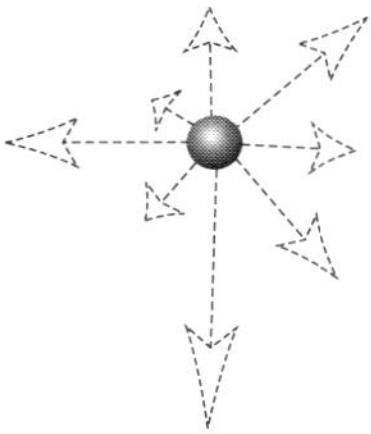

図1-15　位置が確定した状態　運動量が全くの不確定になっている。あるいは、すべての運動量の状態が重ね合わされている。

た状態について述べる。

例えば、位置が確定している状態を考えよう。この場合、不確定性原理から運動量に関しては全く決まらなくなる。さらに一歩踏み込んで、図1−15のように、すべての運動量の状態が「重ね合わされている」状態にあるとも言える。平たく言えば、全くの不確定なので、すべての運動量の場合が「重ね合わされた」と考えるのである。

ただし、誤解しないで欲しいのが、あくまでも量子は1つであり、異なった多数（無限）の状態が「重ね合わされている」だけである。ただ、ここまでは、単に解釈あるいは言い方の問題だと思うかもしれないが、実態はもっと奇妙なものである。

位置が確定している状態で運動量を測定する。そうすると、運動量は確定するが、位置は全くの不確定となる。当

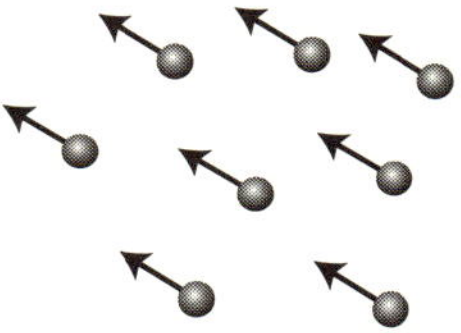

図1-16　運動量が確定した状態　位置が全くの不確定になっている。あるいは、すべての位置の状態が重ね合わされている。

たり前のようだが、測定により、多数の重ね合わせの状態であったものが1つの運動量の状態に「収縮」している(これを「波束の収縮」と呼ぶ)。したがって、新たにすべての位置の状態の重ね合わせになる。

もちろん、これも重ね合わせの状態であって、量子が多数あるわけではなく1つのみで、状態が多数あるだけである。運動量測定による、位置が確定している状態から運動量が確定している状態への変化も、波束の収縮以外は解釈あるいは言い方の問題なのかもしれない。しかし、次はそれでは済まされない。

量子状態が変化する

最初に位置を測定し、次に運動量を測定した量子の位置を再び測ることにする。図1－16から明らかなように、再び測ったときの量子の位置はどこになるか、測定してみなければわからない。これは奇妙なことである。何故なら、最初に位置を測定し、位置はどこであるかわかっていたはずだからである。しかし、ここでは位置は測定してみないとわからない。

このようになる理由は、前に述べたように、測定（の反作用）により量子状態が変化するためである。もっと言うと、測定により量子状態が変化するから、不確定性原理を導入しているのである。このあたりを直感的に言うと、測定とは光のような「もの」を当てて、それが返ってくる（反射、散乱、吸収の）様子から、測定対象の情報を得るが、測定対象が原子核や電子のように非常に小さいと、当てている光の運動のスケールと差がなくなり、作用・反作用の法則通りのことが起こるとも言える。つまり、光を当てることにより、量子の状態が乱れてしまう。

量子力学では、このように観測も含めて理論を構築し直したものと考えることができる。ただし、このように考え過ぎるのも、時には間違った解釈を与え危険なこともあるのだが。いずれにしても、不確定性原理を導入すると、自然現象をうまく説明できるという「事実」があるだけであることを肝に銘じておかなければならない。理論が正しいか正しくないかは、実験で決めるしかないのである。そこが、物理学と数学の決定的な違いである。

|1・5〉 量子エンタングルメント（もつれ）

EPRのパラドックス

量子力学特有の状態として、量子エンタングルド状態

（量子もつれ状態）なるものがある。これは、量子力学の黎明期(れいめい)に、アインシュタイン・ポドルスキー・ローゼンにより唱えられた、いわゆるEPRのパラドックスに端を発する。この種のことを書いた解説書は多々あるので、ここでは図を用いて簡単に紹介するに止める。

実際、解説書のどれを読んでもわかった気にはならないが、それは数式を使えないためである。ちゃんと理解（？）するためには、大学に入って数式で習うしかない。物理学の「言葉」は数式なのである。

突然であるが、x方向に一定のスピードで移動していた量子（例えば原子核）が図1－17のように突然質量の等しい量子AとBに分裂したとする。すると、運動量保存則により、量子Aのy方向の運動量がPであれば、量子Bのy方向の運動量は$-P$となる（x方向の運動量は等しいが、ここでは後の議論のため、y方向のみに注目する）。

一方、量子Aの位置をXとすれば、量子Bの位置もXとなる。つまり、この関係を量子Aの位置をx_A、y方向の運動量をp_Aとし、量子Bの位置をx_B、y方向の運動量をp_Bとして式で表現すれば、

$$\begin{aligned} x_A &= x_B \quad \text{つまり} \quad x_A - x_B = 0 \\ p_A &= -p_B \quad \text{つまり} \quad p_A + p_B = 0 \end{aligned} \tag{1.1}$$

となる。ここで重要なことは、量子Aの位置や運動量を測定によって決めると、量子Bの位置や運動量は測定しなくてもわかる（決まる）ということである。もちろん、量子力学の範囲内での話なので、量子Aの位置を測定によ

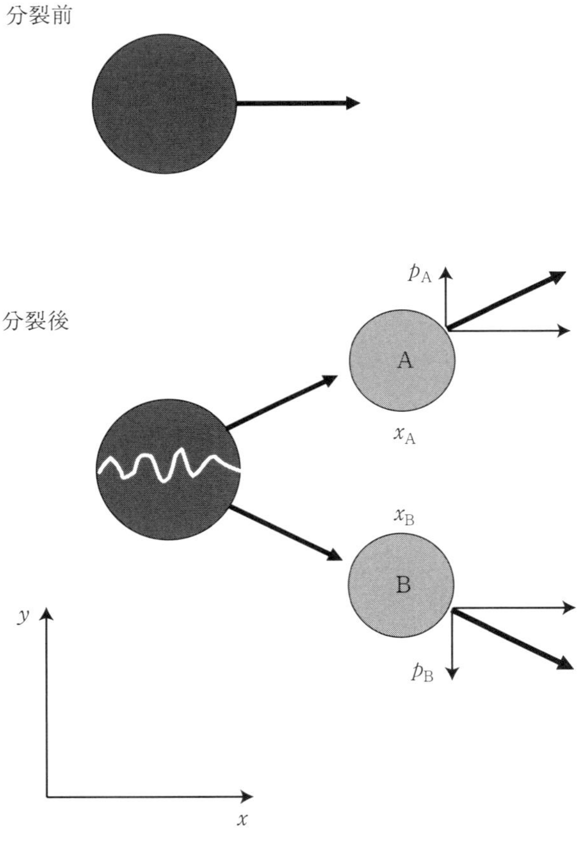

図 1-17　x 方向に一定のスピードで移動していた量子が、突然等しい質量を持つ量子 A と B に分裂。

って決めると、量子Bの位置が決まるに過ぎない。運動量については全くの不確定となる。

また、量子AとBの間にこのような「関係」（式(1.1)）があっても、位置や運動量の値は測定してみないとわからないし、あらゆる値を取り得る。ただし、**測定しなければ**、式（1.1）の関係は常に成り立っていることに注意する必要がある。つまり、測定さえしなければ、量子Aと量子Bは、位置と運動量の**両方で**関係がある（位置は値が等しく、運動量は大きさは等しいが向きが反対である）。したがって、これらは、「同じ量子」（等しい量子情報を持つ2つの量子）と、ある意味で等価な双子の量子対と言える。

量子力学の抜け道

実は、式（1.1）にはもう少し深い意味がある。少し脱線してしまうが、その意味について考えてみよう。

不確定性原理は位置と運動量を同時に測定により決めることを禁じているが、これはあくまでも1つの量子に対しての話である。平たく言えば、1つの量子に関して測定により決められるのは、1つの物理量ということである。言い方を変えると、2つの量子で2つの物理量を同時に測定により決めることは、不確定性原理に反しない。もちろん、2つの量子があり、それぞれで位置と運動量を別々に測定しても、異なった量子の1つずつの物理量が別々にわかるだけで、特に面白いことはない。

しかし、2つの量子、それらを量子A、Bとして、その相対位置$x_A - x_B$と運動量の和$p_A + p_B$を同時に測定する方

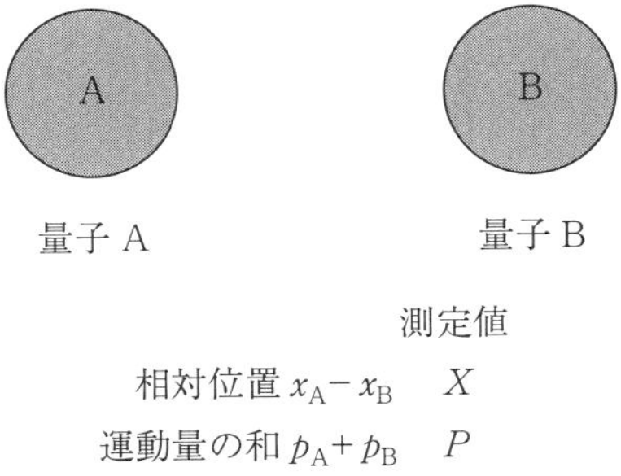

図1-18　量子A、Bの相対位置 $x_A - x_B$ と運動量の和 $p_A + p_B$ を同時に測定。

法があれば面白いことになる。つまり、2つの量子の物理量を混ぜ合わせたかたちで2つ同時に測定できれば、不確定性原理に縛られることがなくなる。

相対位置と運動量の和を同時に測定により決めることは、不確定性原理に反しない。今、相対位置の測定結果が X、運動量の和が P だったとすると、

$$\begin{aligned} x_A - x_B &= X \\ p_A + p_B &= P \end{aligned} \qquad (1.2)$$

ということになる（図1－18）。この式は $X=0$、$P=0$ とすれば式（1.1）と同じになり、そうしなくても量子Aの位置を決めれば量子Bの位置は自動的に決まり、量子Aの運動量を決めれば量子Bの運動量も自動的に決まるという関係になっている。つまり、X と P の測定後の状態でも、

量子AとBの関係は基本的に図1−17の状態と同じである。

もちろん、位置と運動量の間で式（1.2）のような関係があっても、量子A、Bそれぞれの位置や運動量の値は、測定してみないとわからないし、あらゆる値を取り得る。この様子も図1−17の状態と同じである。したがって、量子A、Bの相対位置と運動量の和を同時に測定する方法があれば、図1−17と同等の状態をつくることができる。

逆に、図1−17の状態で、相対位置$x_A - x_B$と運動量の和$p_A + p_B$を測定すると、両方とも零となっている。しつこいが、1つの量子の2つの物理量を同時に測定により決めることを不確定性原理は禁じているが、2つの量子の2つの物理量を決めることを量子力学は禁じていないのが、「抜け道」なのである。

この「抜け道」は、量子テレポーテーションの重要なエッセンスの一つなので、後でまた登場する。覚えておいて欲しい。

EPRは量子エンタングルメントの代表例

話を元に戻そう。図1−17の状態にある量子AとBを量子エンタングルド状態にあると言う。つまり、式（1.1）を満たす状態を量子エンタングルド状態と言う。さらに、元々全く関係なかった2つの量子において、式（1.2）のように、相対位置と運動量の和を測定した直後の状態も量子エンタングルド状態と呼ぶ（後で述べるが、このように元々全く関係なかった2つの量子をエンタングルさせる測定を、ベル測定と呼ぶ）。

歴史的には、最初アインシュタインらにより、後者の相

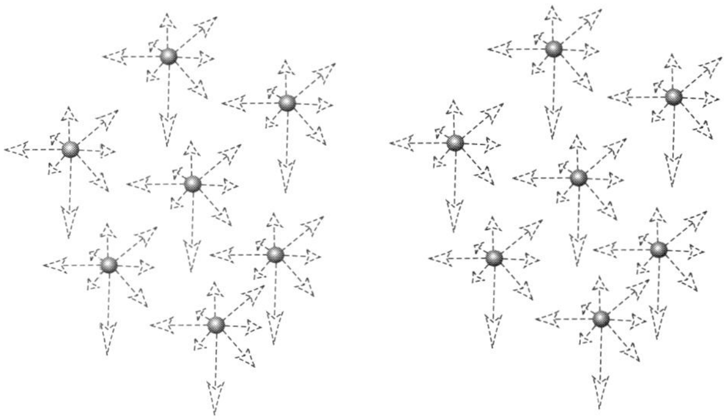

図1-19　量子エンタングルド状態のイメージ　量子AもBもあらゆる運動状態（位置と運動量）の等しい重ね合わせになっている。決して量子A、Bともにたくさんあるわけではなく、それぞれ1つずつである。

対位置と運動量の和が確定した状態（任意のX、Pの場合）が提案され、量子エンタングルド状態が議論され始めたが、後年、数学的に容易なことから、前者の状態（$X=0$、$P=0$の場合）が量子エンタングルド状態の代表例として、アインシュタイン・ポドルスキー・ローゼン（EPR）状態と呼ばれるようになった。

量子AとBが量子エンタングルド状態にあるとき、量子AとBは量子エンタングルしている（もつれている）と言う。さらに、量子AとBの間に量子エンタングルメントが存在するとも言う。量子エンタングルした状態のイメージ

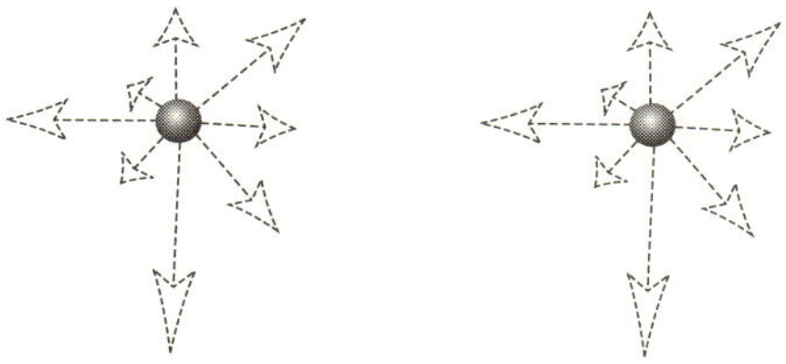

図1-20　量子AとBの量子エンタングルド状態において、量子Aの位置を測定後の量子A、Bの状態。量子Aの位置が確定する、つまり位置が確定した状態になるのと同時に、量子Bは何もしなくても位置が確定した状態になる。その場合、量子A、B両方とも運動量は全く不確定な状態になる。

を図1−19に示す。

量子AとBはそれぞれあらゆる運動状態（位置と運動量）の等しい重ね合わせになっている。もちろん、量子AとBはそれぞれ1つだけの量子が重ね合わせの状態にあるだけであり、たくさん量子があるわけではない。このような量子AとBにおいて、量子Aの位置を測定した場合を図1−20に示す。

この場合、量子Bの位置は何もしなくても確定する。もう少し正確に言うと、量子A、B共に位置が確定した状態になり、その位置は測定値Xである。もちろん、不確定性原理から、位置が決まった状態では運動量は全くの不確

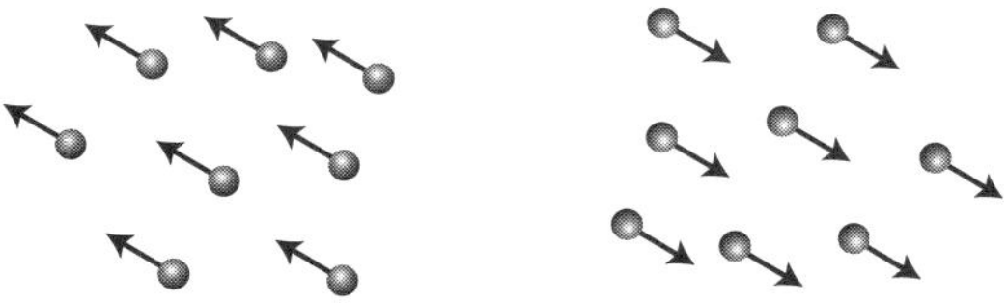

図1-21　量子ＡとＢの量子エンタングルド状態において、量子Aの運動量を測定後の量子A、Bの状態。量子Aの運動量が確定する、つまり運動量が確定した状態になるのと同時に、量子Bは何もしなくても運動量が確定した状態になる。その場合、量子A、B両方とも位置は全く不確定な状態になる。

定となる。

同様に、量子エンタングルド状態にある量子ＡとＢのうち量子Ａの運動量を測定した場合は、図1－21に示したように、量子Ｂの運動量は何もしなくても確定する。これももう少し正確に言うと、量子Ａ、Ｂ共に運動量が確定した状態になり、その運動量はそれぞれP（測定値）、$-P$である。もちろん、不確定性原理から、運動量が決まった状態では位置は全くの不確定となる。

量子テレポーテーションの本質

いずれの場合も量子Ａへの測定の影響が量子Ｂに現れているように見える。したがって、これを情報伝送に使えないかと考えるのは、それほど突拍子もないことではない。

しかし、結論から言うと、残念ながら、これをすぐに情報伝送には使えない。何故なら、仮に量子Ａで位置を測定した場合を考えてみよう。もちろん、量子Ａの位置の測定により、図1－20に示したように量子Ｂの位置も確定する。ただし、これも前述したように、量子ＡとＢ共に位置が確定した状態であるから、運動量は全く定まらない。

それだけでなく、この状態で量子Ａの運動量を測定しても、量子Ｂには何も起こらない。何故なら、最初の量子Ａに対する位置の測定で、量子エンタングルした状態は壊れてしまった（量子エンタングルメントはなくなってしまった）からである。

これらから、量子Ａへの位置の測定の前後で、量子Ｂへの何らかの物理量（位置とは限らない）の測定結果に違いがあるかというと、ノーということになる。つまり、量子Ｂでは、量子Ａに対し、どのタイミングでどんな物理量（位置、運動量、その他）を測定したか知る由もなく、いろいろな物理量を測定しても、いろいろな値がでることには変わりがない。

唯一差がある場合は、量子Ａに対し、どのタイミングでどんな物理量を測定したか知っている場合（あるいは測定後に教えてもらった場合）だけである（今まで話してきた例では、位置を測定する・したことを知っている場合）。このときだけ、ある意味で情報伝送に使える。実は、これが先ほど簡単に説明した量子テレポーテーションなのである（34、35ページ参照）。

ただ、ここで述べた状況と量子テレポーテーションは、完全には等しくないことに注意が必要である。それでもあえてここで触れたのは、量子エンタングルメント・測定・測定結果伝送が、量子テレポーテーションの本質だからである。

1・6〉 量子テレポーテーションの少し突っこんだ説明

量子エンタングルメント＝ノイズの大きな2本のビーム

量子力学の重要な性質である「重ね合わせの状態」と「波束の収縮」、「量子エンタングルメント」について説明したので、もう少し突っこんだ量子テレポーテーションの説明をしよう。

1−3節では、量子テレポーテーションについて簡単に説明した。そこでは、まず、図1−8のようにアリスとボブの間で非常に大きなノイズを共有するとした。ところが、もう少し正確に言うと、アリスとボブではそれぞれ量子を1つずつ持ち、その2つの量子は図1−19のような量子エンタングルド状態となっているのである。

ノイズと言った理由は、1つには、2つの量子はあらゆる運動状態（あらゆる位置と運動量）の等しい重ね合わせの状態になっていることから、特定の状態のみに偏らせるというような方法で情報を載せることができない（そもそも情報というものは、このようにして載せるしか方法がない）。したがって、情報が載っていないから、ノイズと呼んでいる。

もう1つの理由は、後述するが、光を用いて量子テレポーテーションを行う場合、量子エンタングルド状態は実際

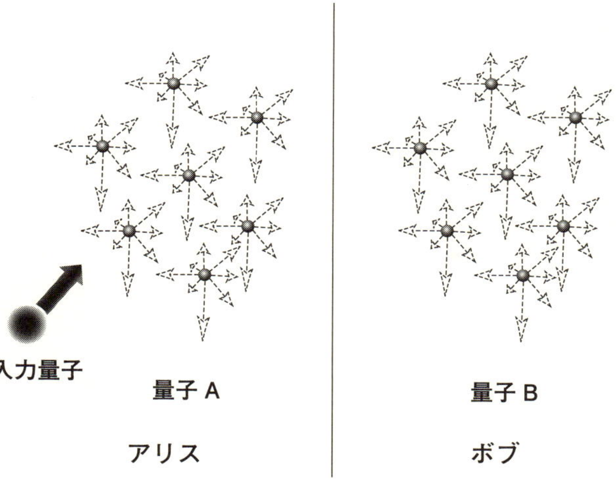

図1-22　量子テレポーテーション直前の状態　量子AとBの量子エンタングルド状態をアリスとボブそれぞれで持つ。アリス側では、入力量子と量子Aを衝突させる。その結果、お互いの量子情報が作用反作用の法則どおり影響し合う（混ざり合う）。

に非常にノイズの大きな2本の光ビームだからである。ここでノイズと言っていたものは、実はあらゆる運動状態の等しい重ね合わせ状態にある量子だったのである。

量子とノイズを重ね合わせて測定

1−3節では、次にアリスが送りたい状態にある量子（入力量子）とノイズを重ね合わせて測定するとした。これはまず、図1−22のようにアリス側で、量子エンタング

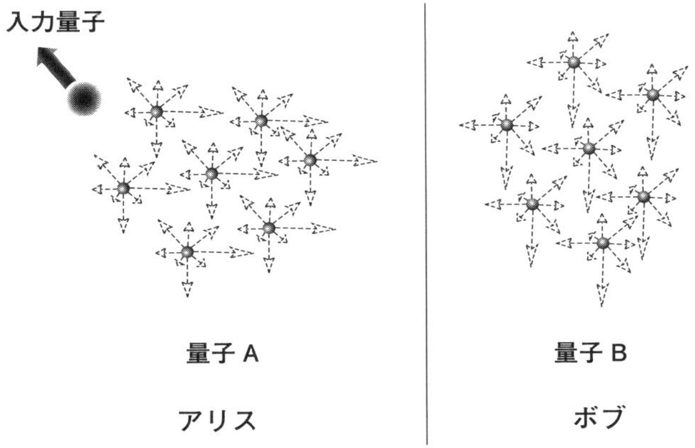

図1-23　量子テレポーテーション中で、送りたい量子状態にある量子（入力量子）と量子Aを衝突させた直後の状態。衝突により、送りたい量子状態にある量子の状態と量子Aの状態が変化する。ただし、測定はしていないので波束は収縮せず、重ね合わせの状態は保たれている。

ルした2つの量子A、Bのうち、アリス側にある量子Aと送りたい状態にある量子を衝突させる。すると、図1－23に示したように、入力量子と量子Aの状態が変化する。

もちろん、衝突するときには作用反作用の法則に基づいて、お互いの運動の情報（位置と運動量、つまり量子情報）が影響し合う（混ざり合う）。ただし、測定は行っていないので波束は収縮せず、重ね合わせの状態は保たれている。さらに言うと、量子エンタングルメントも保たれている。

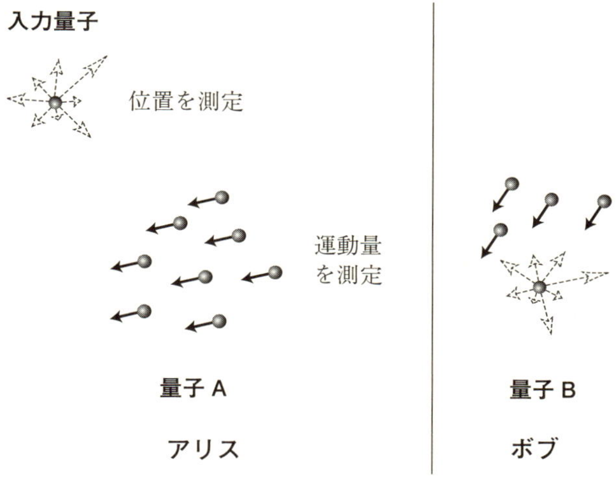

図1-24　量子テレポーテーション中、入力量子と量子Aを衝突させた後、それぞれで位置と運動量を測定する。もちろん、測定によって、それぞれ位置が確定した状態、運動量が確定した状態になる。さらに、量子エンタングルメントにより、量子Bの状態も変化する。

次に、図1−24のように、アリスは衝突後の入力量子の位置と量子Aの運動量を測定する。もう少し正確に言うと、アリス側での位置の測定と運動量の測定は入れ替えても良い。つまり、入力量子の運動量と量子Aの位置を測定しても良いが、ここでは話を単純（？）にするために、入力量子の位置と量子Aの運動量を測定することにする。いずれにしても、これらの値は、2つの量子が衝突した後なので、前述したように、それぞれの元々の位置や運動量の値ではなく、両方の量子情報が混ざった値となる。さらに言うと、量子Ａの状態は、あらゆる量子状態（位置と運動量）の等しい重ね合わせなので、アリスにとって入力量子の情報は完全に消されているのと同じである。つまり、この測定によってアリスは入力量子の情報を全く得ることはない（できない）。

もちろん、測定によって、入力量子は位置が確定した状態、量子Ａは運動量が確定した状態になる。さらに、量子エンタングルメントの性質により、量子Ｂも状態が変化する。ただし、元々の量子Ａに対する直接の測定とは異なり、入力量子との衝突後であるから、この測定により元々の量子Ａの情報を完全には得ることができず、したがって、量子Ｂは運動量が確定した状態にはならない。

ここで重要なことは、ここまでの過程において入力量子の情報は何も失われていないことである。これは繰り返しになるが、入力量子の情報を全く得ていないからである。

入力量子の情報が乗り移る

量子テレポーテーションとしてやりたいことは、入力量子の情報、つまりこの量子の位置と運動量の情報をボブ側に送ることであるが、この情報についてはここまでの操作で、何も失われていない。なぜなら、入力量子に対して直接には測定を行っていない（この量子そのものの情報は何も得ていない）からである。

「測定＝情報を得ること」であり、情報を得なければ、波束の収縮は起こらない。ただし、現実には、衝突後にしろ測定を行っているから、アリス側の量子（入力量子と量子

A）の波束は収縮している。しかし、アリス側での測定は入力量子と量子Aの衝突後の測定であるから、入力量子同様、量子Aそのもの（元のA）の情報は完全には得られていないため、そういった意味で量子Aそのものの測定は不完全となる（量子Aのノイズは入力量子の情報（信号）に比べて非常に大きいので、量子Aの情報（ノイズ）はある程度明らかになり、その分波束が収縮する）。

さらに、ボブ側ではそもそも測定を行っていないから、量子AとBは量子エンタングルしているとはいえ、量子Bの波束は完全には収縮せず重ね合わせの状態は保たれている。そこへ入力量子の情報の一部が「乗り移って」生き残ることになる。

1−3節では、アリスは測定結果をボブに送り、ボブはその測定結果から、自分のところにあるアリスと共有しているノイズを用いてノイズを消し去り、量子情報を再現すると述べた。これについてもう少し説明をする。

アリスの情報の一部をボブが受け取る

ここまでの説明で、アリス側で測定した後も入力量子の情報（位置と運動量の情報）は失われていないと述べてきた。それでは、入力量子の情報はどこにあるのだろうか？

本当は式を使えば簡単に説明できるが、ここはぐっとこらえて、文章で説明することにする。もし、式での説明が必要な場合は、拙著『量子光学と量子情報科学』（数理工学社）を参照されたい。

アリス側で測定した後の入力量子の情報は、アリス側とボブ側に半分ずつあると言える。アリス側には古典情報

（早い話、測定値）があると考えられる。ここで、古典情報とは、量子情報≅量子状態とは違い、測定を行った結果の**値**であり、「状態」ではないことに注意が必要である。古典情報は測定をすれば必ず得られるものであり、単なる値なのでコピーも自由である。

また、量子に対して位置と運動量を同時に測定しても、それぞれで測定結果の値は得られるので（それで量子状態が決まるわけではないが）、どんな測定をしても値は得られるのである。ちなみに、我々が普段扱っている情報はすべて「値」なので古典情報ということになる。あえて「古典」と言っているのは、量子情報と区別するためである。

それに対し、ボブ側にある情報は量子情報ということになる。ボブ側では測定を行っていないので、量子状態である重ね合わせの状態が存在し得る（波束は完全には収縮していない）。さらに言うと、アリス側での測定後、量子Bの状態は、アリスが得た古典情報分だけ入力量子の量子状態から変化した状態となっている。

このことを式を使わないで説明するのは難しいが、あえて試みる（詳しくは3－1節を参照して欲しい）。入力量子と量子Aが衝突したとき、作用・反作用により、入力量子の量子情報（位置と運動量の情報）の半分は量子Aに移り、その代わりに量子Aの情報が入力量子に乗り移ってくる。同様に、量子Aも入力量子の情報の半分、自分の情報半分を持つこととなる。

その後、入力量子で位置を、量子Aで運動量を測定すると、2つの量子とも波束は収縮し、アリスはそれぞれの測定値を得る。また、量子エンタングルメントの性質により、ボブ側でも量子Bの波束の収縮が起こることになるが、量子Bの波束は完全には収縮しない。その理由は、アリス側の測定では、元々の量子Aの情報を完全には得ていないからである。したがって、アリス側で得た情報の分だけ中途半端に収縮することになるのである。それでも、中途半端な波束の収縮のお陰で、収縮しなかった部分は、元々の入力量子の情報を含んだ状態となっている。

もう少し正確に言うと、先ほど述べたように、量子Bは元々の入力量子の状態が、アリスが得た古典情報の分だけ変化した状態となっている。量子エンタングルメントとその波束を中途半端に収縮させることにより、うまいこと入力量子の情報の一部を量子Bに乗り移らせているのである。したがって、アリスの持っている元々の入力量子の情報の一部（測定値）を除いて、ボブが持つことになる。

きもい（？）量子テレポーテーション

別の角度でここまでの様子を眺めてみよう。

あえてここで別の角度から眺めるのは、アインシュタインが量子エンタングルメントに対して「spooky」（今風に言うと「きもい」）と言ったことに対応しており、量子テレポーテーションのspookyさを味わってもらうためである。つまり、アインシュタインでもわからなかったのだから、凡人である我々がわからなくて当然であり、それを実際の実験で味わえる我々の「幸せ」を感じてもらいたいのである（かなり自虐的である）。

入力量子と量子Aの衝突、それに引き続いた測定をアリス側で行っても、ボブ側にある量子Bへ測定を施した場合の結果に何も変化はない。状態としては変化しているにもかかわらずである。というのも、アリス側で測定を行う前は、当然のことながら位置や運動量の測定を行うとその測定値はすべての値を等しい確率で取り得るが（量子エンタングルした2つの量子のうち片方を測定するといつもそうである）、その様子はアリス側の測定の後でも全く変わらない。したがって、ここまでの説明では、アリス側の測定により量子Bに情報の半分が移ったように述べてきたが、本当は情報はボブには移っていないと言った方が良いようにも思われる。

ただ、この後の段階で、アリス側での測定結果をもらえば、ボブ側で入力量子の状態を再現できることから（図1−25）、何らかの情報はボブ側に移っていないとヘンである。式で書けば簡単であるが、ここでは、情報を復元できる「ポテンシャル」（潜在力）が移っているとでも言っておこう。

話を量子テレポーテーションに戻す。量子テレポーテーションの仕上げは、アリスからの古典情報に基づいて、ボブが量子Bを元の入力量子の状態（アリスが送りたかった量子状態）に変換する作業である。

これは図1−26のように、古典情報に基づいて、質量が大きく古典的粒子と見なせる粒子（野球のボールのようなもの：位置と運動量が同時に決められる）にボブが操作を施し、それを量子Bにぶつけるということで達成される。

例えば、運動量をPだけ変化させるということであれば、運動量をPに調整した粒子を衝突させるということで達せられる。いずれにしても、この操作により、アリスが

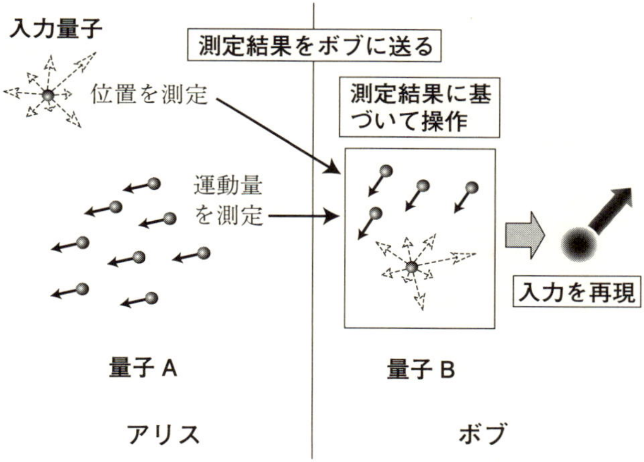

図1-25　アリスは位置と運動量の測定結果をボブに送る。ボブはその情報に基づいて操作を施し、入力量子の状態を再現する。

送りたかった量子状態を持つ量子がボブ側で生成され、量子テレポーテーションが完了する。

ここで重要なことは、最後まで量子Bの測定は行わず、その結果、波束は収縮していないということである。つまり、「値」ではなく、最後まで「状態」であり続けていることである。

同じ量子は2つつくれない

最後に量子テレポーテーションの検証について述べる。1−3節の最後で述べたように、量子テレポーテーション

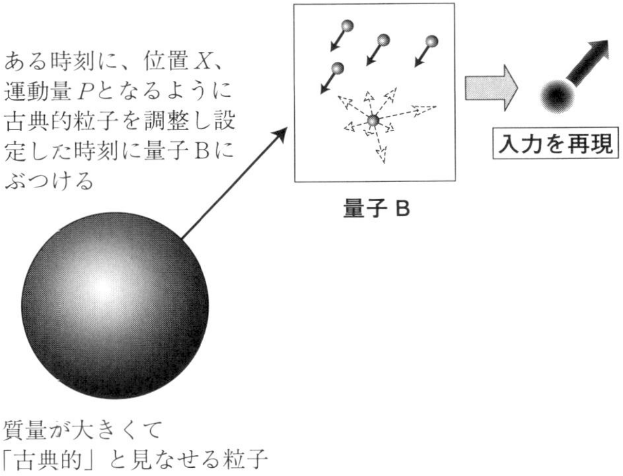
ある時刻に、位置X、運動量Pとなるように古典的粒子を調整し設定した時刻に量子Bにぶつける
量子B
入力を再現
質量が大きくて「古典的」と見なせる粒子

図1-26　量子テレポーテーションの仕上げ　ある時刻に、位置X、運動量Pとなるように古典的粒子を調整し、量子Bにぶつける。その結果、量子Bの状態は、位置がX、運動量がPだけ変化する。

の検証は、2つの量子が同じ量子（同じ量子情報を持つ）であることを検証することと、ある意味で等価であり、実現は非常に難しい。もう少し現実に即して言うと、非常に「デリケートな」問題である。

ただ、幸いにも2つの問題は完全に同じではない。それは、図1－27のように、量子エンタングルした量子対である量子C、Dのうち、量子Dをテレポートし、その結果現れた量子D'と量子Cの間で量子エンタングルメントが確認できれば、量子テレポーテーションの成功を検証できた

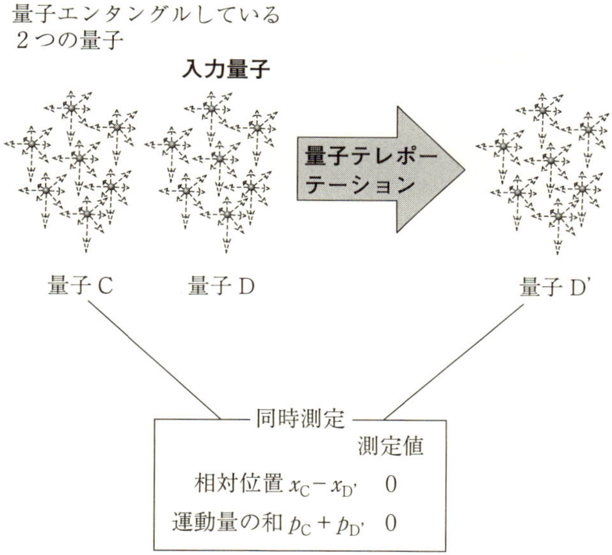

図1-27　量子エンタングルした量子対である量子C、Dの量子Dをテレポートし、その結果ボブ側に現れた量子をD'とする。量子CとD'において、相対位置 $x_C - x_{D'}$ と運動量の和 $p_C + p_{D'}$ を測定する。その結果、いずれの測定値も零となれば量子テレポーテーションの成功を検証できたことになる。

ことになる。
　このことについて考えてみよう。まず、量子C、Dがエンタングルしていたとすれば、式（1.1）で示したように、量子C、Dの位置をそれぞれx_C、x_D、運動量をそれぞれp_C、p_Dとして、

$$\begin{aligned} &x_C = x_D \quad \text{つまり} \quad x_C - x_D = 0 \\ &p_C = -p_D \quad \text{つまり} \quad p_C + p_D = 0 \end{aligned} \qquad (1.3)$$

の関係が成り立つ。また、仮に同じ量子C、Dをつくることができたとしたら（もちろん、現実には不可能であるが）、

$$\begin{aligned} &x_C = x_D \quad \text{つまり} \quad x_C - x_D = 0 \\ &p_C = p_D \quad \text{つまり} \quad p_C - p_D = 0 \end{aligned} \qquad (1.4)$$

の関係が成り立つはずである。ただし、再三述べているように、量子エンタングルメントの関係も同一性の関係もあくまで「関係」であって、取り得る値はどのような値も等しい確率であり得るということである。
　これらの式からわかるように、エンタングルした量子C、Dと、同じ量子C、Dはほとんど同じで、運動量を測定したときだけ、符号（プラス・マイナス）が反対になるのが唯一の違いである。これだけ見ると、量子エンタングルした量子対をつくることができるのであれば、同じ量子2つもつくれるような気がする。しかし、そうはならないのである。

1−5節で説明したように、量子エンタングルメントの根底にあるのは、2つの量子の2つの物理量を同時に決めることは不確定性原理に反しない、つまり量子力学的に許されるということであった。相対位置$x_C - x_D$と運動量の和$p_C + p_D$はそういった2つの物理量であり、同時に測定により決めることが許されているので、量子エンタングルメントをつくることもできるのである。しかし、相対位置$x_C - x_D$と相対運動量$p_C - p_D$を測定により同時に決めることは、不確定性原理に反するので、同じ量子は2つつくれないのである。

こう言うと、読者は、相対位置と相対運動量も2つの量子に関する2つの物理量なのに何故、と思うであろう。この理由を式で説明するのは簡単なのであるが、文章で説明するのは不可能なので、ここではそういうものだと思ってもらうしかない。この理由が知りたい人も是非大学に行って量子力学を学んで欲しい。

量子テレポーテーションの検証

話を量子テレポーテーションの検証に戻す。

エンタングルした量子C、Dは上で説明したように、運動量の符号が反対である以外は同じ量子（同じ量子情報）である。したがって、図1−27のように、量子テレポーテーションの結果つくられた量子D'と、量子Cとの間で量子エンタングルメントが存在すれば、つまり、相対位置$x_C - x_{D'}$と運動量の和$p_C + p_{D'}$の同時測定結果が両方とも零になれば、量子テレポーテーションの成功を確かめたことになる。もう一度整理すると、初め量子CとDの間では、

$$x_C = x_D$$
$$p_C = -p_D \quad (1.5)$$

の関係があり、量子Dをテレポートしてつくられた量子D'と量子Cの間でも、

$$x_C = x_{D'}$$
$$p_C = -p_{D'} \quad (1.6)$$

となっているから、

$$x_D = x_{D'}$$
$$p_D = p_{D'} \quad (1.7)$$

であり、量子Dと量子D'が同じ量子、つまり量子テレポーテーションの成功が確かめられたことになる。

しつこいようだが、この検証法のキーは、相対位置と運動量の和の同時測定が可能なことである。また、この検証法では、送るべき量子Dについて一切情報を得ていないことも重要である。相対位置や運動量の和の測定では、個々の量子の情報は一切得られないことに注意する必要がある。

ここまで長々と（しつこく）量子テレポーテーションについて述べてきた。次章に進む前に一度ここまで述べてきたエッセンスをまとめてみる。

・量子テレポーテーションとは、「(量子) 情報＝存在」を送るものである。量子そのものは送らない。
・不確定性原理の要請から、「(量子) 情報＝存在」を直接測定によって得ることができないため、量子エンタングルした量子Aと量子Bのうち、量子Aを入力量子とぶつけ、さらにそれらに測定を施すことにより、入力量子の情報の一部を量子Bに乗り移らせる。
・アリス（送信者）から測定値をもらい、それを用いてボブ（受信者）は量子Bに操作を施し、入力量子を再現する。

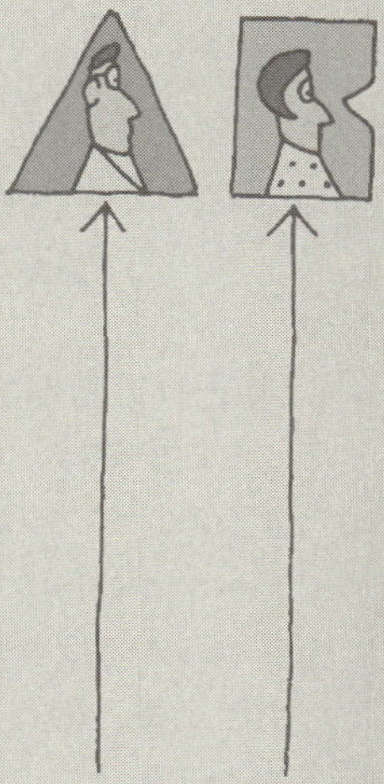

第 2 章

2つの値しか取らない量子テレポーテーション

2・1〉 2分の1スピンの量子エンタングルメント

2値だけの物理学

ここまでは、位置と運動量を物理量として考えた場合の量子エンタングルメントと、その応用である量子テレポーテーションについて述べてきた。ただし、話が複雑すぎて良くわからなかったと思う。ここからしばらくは、もう少し簡単な、物理量として2つの値しか取らない場合を考える。そうは言っても、この話も難しいと思うが、我慢して読み続けて欲しい。

筆者が高校生のとき読んだ、ブルーバックスの都筑卓司先生の量子力学の本では、難しくて良くわからなくても読み続ければ、不思議とわかったと感じる瞬間があり、それから前に戻って読み直せば、良く理解できると書いてあったような気がする。筆者もそれを信じて今まで生き延びてきた。学問の学び方は常にそうなのかもしれない。

本題に入ろう。量子テレポーテーションにとってのみならず、量子力学における重要な性質の一つは、量子エンタングルメントである。これは前述したように、量子力学の黎明期にアインシュタインらが提唱したEPRのパラドックスに端を発している。

EPRのパラドックスは、ここまで説明してきたように、2つの量子の位置と運動量の間の不思議な関係に関するものである。ただし、位置や運動量のような物理量はあ

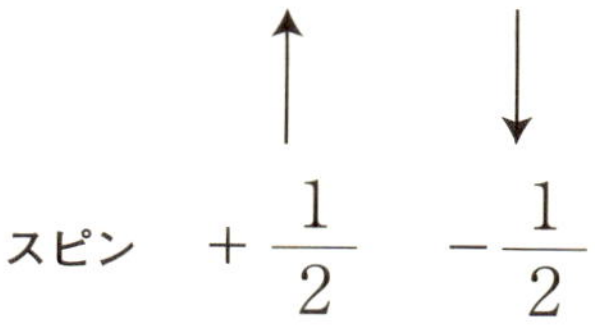

図2-1　2分の1スピンを持つ量子。

らゆる実数値を取り得るため、その取り得る値の数（場合の数）は無限個あり、数学的にやっかいである。

そこで、その後、2分の1のスピンのようにプラス2分の1とマイナス2分の1（アップスピン、ダウンスピン）の2値しか取らない物理系で同様なことが考えられるようになった。ここでは詳しく述べないが、その最たるものはベルの不等式であろう。

ベルの不等式とは、1960年代にジョン・ベルが提唱した不等式であり、その不等式を破れば量子エンタングルメントが存在するというものである。

ここではベルの不等式を破る量子エンタングルした状態について説明する。ちなみに、宣伝であるが、ベルの不等式については、宮野健次郎、古澤明著『量子コンピュータ入門』（日本評論社）に詳しい説明がある。

2値の量子エンタングルメント

まず、2分の1のスピンを持つ量子が取り得る値は、プラス2分の1とマイナス2分の1しかなく、それらはそれぞれアップスピンとダウンスピンに対応する（図2−1）。さ

$$\uparrow + \downarrow \qquad\qquad \uparrow - \downarrow$$

図2-2　2分の1スピンを持つ量子の重ね合わせの状態。

らに、これには図2−2のような重ね合わせの状態がある。ただし、$\uparrow + \downarrow$だけではなく、$\uparrow - \downarrow$もある。

また、いずれの状態でも、この量子のスピンを測定すると、2分の1の確率でプラス2分の1を得、残りの2分の1の確率でマイナス2分の1を得る。そうすると、$\uparrow + \downarrow$の状態と$\uparrow - \downarrow$の状態で何が違うのかという疑問が湧いてくると思うが、ここでは説明のしようがない。我慢して読み続けて欲しい。

多少助け船を出しておくと、後で2分の1のスピンを単一光子の偏光状態で置き換えて説明するが、それを用いると、垂直方向から左に45度傾いた偏光と右に45度傾いた偏光とで置き換えることができる。

また、よくある勘違いだが、↑がプラス2分の1スピンで、↓がマイナス2分の1スピンであることから、

$$\begin{aligned} \uparrow + \downarrow &= \frac{1}{2} + \left(-\frac{1}{2}\right) = 0 \\ \uparrow - \downarrow &= \frac{1}{2} - \left(-\frac{1}{2}\right) = 1 \end{aligned} \qquad (2.1)$$

とするのは間違いである。あくまでも、これらの状態は重

図2-3　2分の1スピンを持つ量子が2つあるときのすべての場合。

ね合わせの「状態」であり、「値」の足し算、引き算ではない。

「値」という意味では、繰り返しになるが、2つの状態とも、スピンの測定を行えば、2分の1の確率でプラス2分の1の値を得、残りの2分の1の確率でマイナス2分の1の値を得る。したがって、平均値を取れば、2つの状態とも零となる。つまり、このようなスピン測定では、プラスの状態とマイナスの状態を区別できないことになる。

次に、2分の1スピンを持つ（アップスピンかダウンスピンのみ許される）量子が2つあるときの状態について考える。図2−3に示した4つの場合が、2分の1スピンを持つ量子A、Bがあるときのすべての場合である。

例えば、これらが等しい重みで重ね合わされた状態は、2つの量子が独立な場合である（それぞれが独立にアップスピンでもダウンスピンでも取れる）。つまり、図2−4のようになっている。

ここまでは普通の話である。しかし、図2−5のような状態ではそうはいかない。何故なら、2つの量子A、Bは独立にアップスピン、ダウンスピンとはならないからであ

$$\begin{array}{c}\text{A B} \\ \uparrow\uparrow\end{array} + \begin{array}{c}\text{A B} \\ \uparrow\downarrow\end{array} + \begin{array}{c}\text{A B} \\ \downarrow\uparrow\end{array} + \begin{array}{c}\text{A B} \\ \downarrow\downarrow\end{array}$$

$$= \left(\begin{array}{cc}\text{A} & \text{A} \\ \uparrow & + & \downarrow\end{array}\right)\left(\begin{array}{cc}\text{B} & \text{B} \\ \uparrow & + & \downarrow\end{array}\right)$$

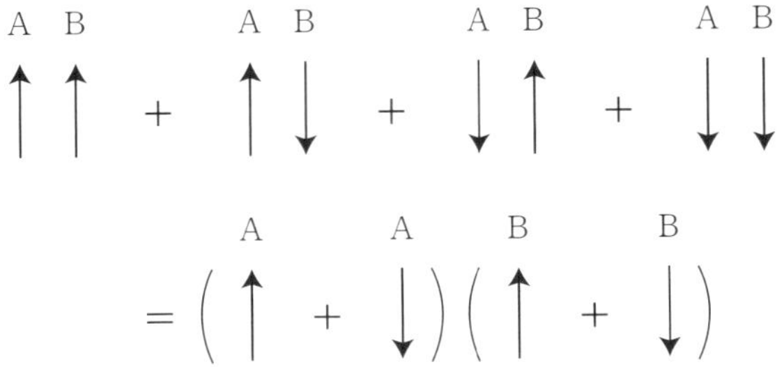

図2-4 2分の1スピンを持つ量子が2つあるとき、そのすべての場合が等しく重ね合わされている状態および「式変形」。

$$\begin{array}{c}\text{A B} \\ \uparrow\uparrow\end{array} + \begin{array}{c}\text{A B} \\ \downarrow\downarrow\end{array}$$

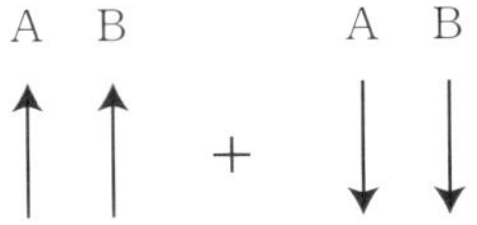

図2-5 2分の1スピンを持つ量子が2つあるとき、2つの場合のみ重ね合わされている状態。

る。

　図2-6に示すように、量子Aを測定してアップスピンであるとわかったら、量子Bは何もしなくてもアップスピンであることが決まってしまう。量子Aを測定しただけで、量子Bに何もしなくても状態が確定してしまう（波束が収縮してしまう）し、量子Aを測定してダウンスピン

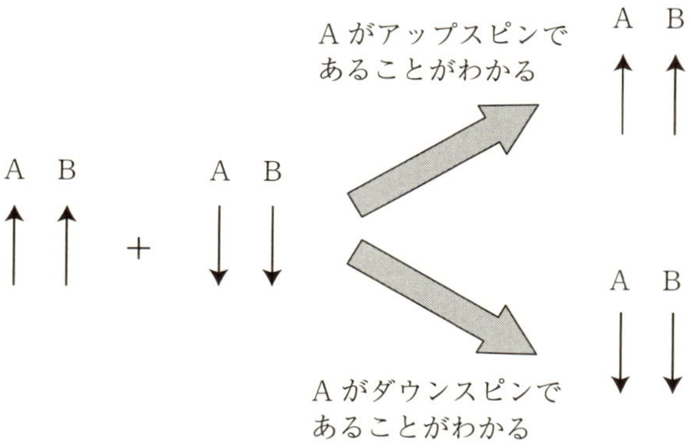
Aがアップスピンで
あることがわかる
A B
A B
+
A B
A B
Aがダウンスピンで
あることがわかる

図2-6　図2-5の状態で量子Aのスピンの向きを明らかにする。

であるとわかったら、量子Bは何もしなくてもダウンスピンであることが決まってしまう。

量子Aを測定しただけで、量子Bに何もしなくても状態が確定してしまうのである。非常に不思議と言わざるを得ない。ただし、実はこの関係について以前話をした。そう、これが1−5節で説明した量子エンタングルメントなのである。

1−5節での話が位置と運動量での話だったので、連続的に値が存在し、無限に場合の数があったため、一見すると違ったもののようにも見えるが、単に量子の取れる値が2つしかないということ以外に差はない（種明かしはこの節の最後にする）。

$$\begin{array}{c} \text{A B} \\ \uparrow\uparrow \end{array} + \begin{array}{c} \text{A B} \\ \downarrow\downarrow \end{array}$$

$$= \left(\begin{array}{c}\text{A}\\\uparrow\end{array} + \begin{array}{c}\text{A}\\\downarrow\end{array}\right)\left(\begin{array}{c}\text{B}\\\uparrow\end{array} + \begin{array}{c}\text{B}\\\downarrow\end{array}\right)$$

$$+ \left(\begin{array}{c}\text{A}\\\uparrow\end{array} - \begin{array}{c}\text{A}\\\downarrow\end{array}\right)\left(\begin{array}{c}\text{B}\\\uparrow\end{array} - \begin{array}{c}\text{B}\\\downarrow\end{array}\right)$$

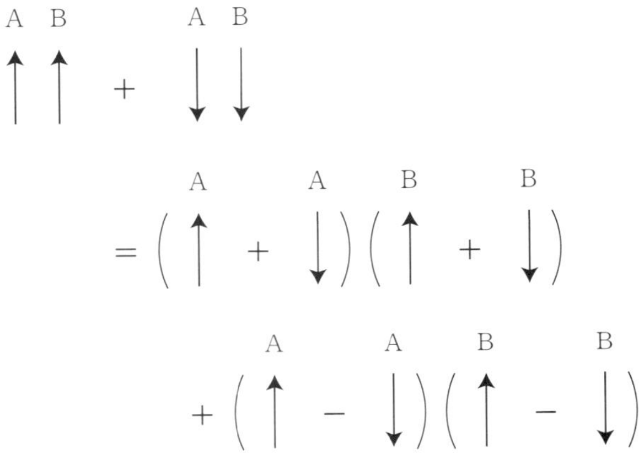

図2-7 図2-5の状態の「式変形」。ただし、正確には全体を2で割る必要がある。

片方が決まればもう片方も決まる

　位置と運動量のところでは、数学的な扱いが難しいため触れなかったが、取れる値が2つしかない場合は簡単なので、この場合において、もう少し量子エンタングルメントについて述べる。

　図2-7は、図2-5の状態を「式変形」している。ただし、正確には式変形後に2で割らなければならないが、ここでは係数に意味は無いので省略した。ここで強調したいのは、片方を決めるともう片方が決まるという関係は、「式変形」しても変わらないということである。

$$\begin{pmatrix}A & A \\ \uparrow + \downarrow\end{pmatrix}\begin{pmatrix}B & B \\ \uparrow + \downarrow\end{pmatrix}$$

$$+ \begin{pmatrix}A & A \\ \uparrow - \downarrow\end{pmatrix}\begin{pmatrix}B & B \\ \uparrow - \downarrow\end{pmatrix}$$

Aが↑+↓であることがわかる → $\begin{pmatrix}A & A \\ \uparrow + \downarrow\end{pmatrix}\begin{pmatrix}B & B \\ \uparrow + \downarrow\end{pmatrix}$

Aが↑-↓であることがわかる → $\begin{pmatrix}A & A \\ \uparrow - \downarrow\end{pmatrix}\begin{pmatrix}B & B \\ \uparrow - \downarrow\end{pmatrix}$

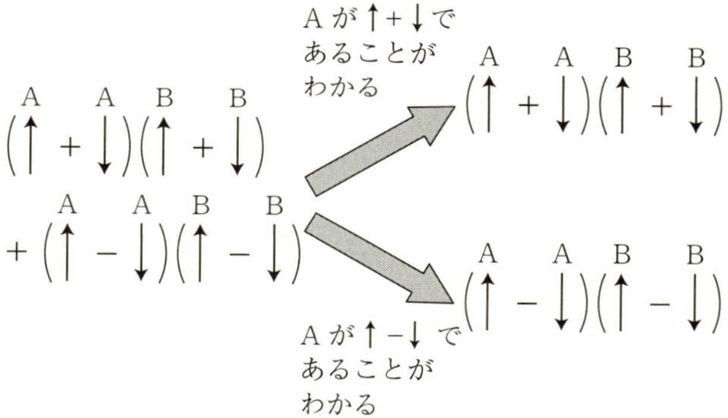

図2-8 図2-7のように「式変形」した状態において、量子Aが↑+↓か↑-↓であるかを測定によって明らかにする。

 つまり、どうやって測定するかは後で述べるが(例えば、後で述べる単一光子を用いた実験では、左45度に傾いた偏光と右45度に傾いた偏光は簡単に区別できる)、図2-8のように量子Aを測定して↑+↓であることがわかれば、量子Bは何もしなくても↑+↓となり、逆に↑-↓であることがわかれば、量子Bは何もしなくても↑-↓となる。
 このように、量子エンタングルした2つの量子の間では、測定の仕方(見方)を変えても、片方が決まればもう片方も決まるという関係に変化はない。これは古典的な相関(関係)、例えばDNAにおける塩基の組み合わせ(アデニン-チミン、グアニン-シトシン)にはない量子のみの性質である。

量子エンタングルメントの片方を決めればもう片方も決まるという性質が、量子テレポーテーションを可能にしていることは前に述べた。1−6節で述べたように、量子テレポーテーションでは予めアリスとボブが量子エンタングルした量子A、Bを共有するが、それはそれぞれあらゆる場合（運動状態）の重ね合わせである。もちろん、さらに、量子Aの位置を決めれば、量子Bの位置も決まり、量子Aの運動量を決めれば、量子Bの運動量も決まるというような関係を持っていた。

2分の1のスピンの場合について言うと、量子Aも量子Bもそれぞれアップスピンとダウンスピンのいずれも取れるが、片方を決めればもう片方も決まるという関係にある。それだけでなく、「式変形」によって、量子Aを測定して↑＋↓であることがわかれば、量子Bも↑＋↓であることがわかるという関係になっている。これは、2分の1のスピンの場合の「位置」を↑、↓、「運動量」を↑＋↓、↑−↓とすれば、通常の位置と運動量の場合と等価になっているということである（詳しくは、後で説明する）。

スピンと位置と運動量と量子エンタングルメント

このことをもう少し「わかった気」にするため、以下のようなことを考える。まず、図2−9のような量子エンタングルド状態を考える。さらに、この状態を図2−7にならって「式変形」すると、図2−10のようになる。ここで、位置と運動量の量子エンタングルメントの関係式は式（1.1）であり、それを再掲すると、

$$\uparrow_A \uparrow_B - \downarrow_A \downarrow_B$$

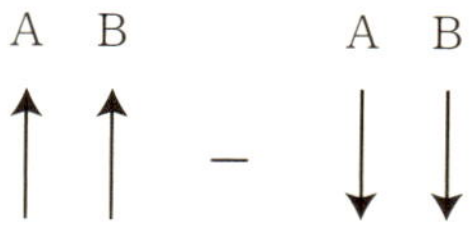

図2-9 図2-5の状態で、重ね合わせの仕方をプラスからマイナスに変えた状態。これも量子エンタングルド状態である。

$$\uparrow_A \uparrow_B - \downarrow_A \downarrow_B$$

$$= (\uparrow_A + \downarrow_A)(\uparrow_B - \downarrow_B)$$

$$+ (\uparrow_A - \downarrow_A)(\uparrow_B + \downarrow_B)$$

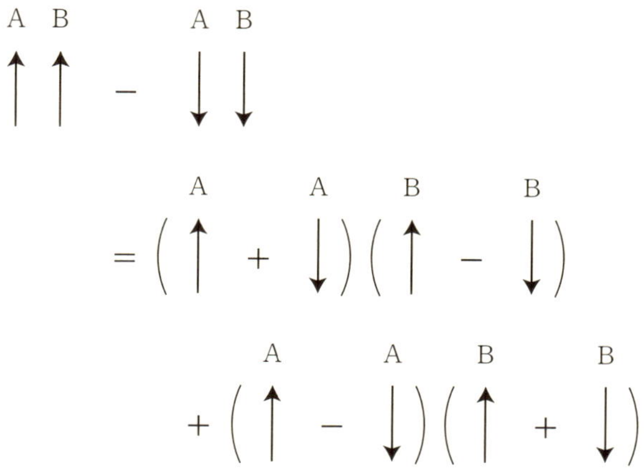

図2-10 図2-9の状態を、図2-7にならって「式変形」。

$$x_A = x_B \quad \text{つまり} \quad x_A - x_B = 0$$
$$p_A = -p_B \quad \text{つまり} \quad p_A + p_B = 0 \qquad (2.2)$$

であった。

また、これは、量子Aと量子Bの位置は等しく、運動量は同じ大きさでプラス、マイナスが反対であることを表していた。「位置」を↑、↓、「運動量」を↑+↓、↑−↓とすれば、図2−9や図2−10も、同じ関係になっていることがわかる。つまり、量子Aの「位置」が↑なら量子Bの「位置」も↑、量子Aの「位置」が↓なら量子Bの「位置」も↓になっているし（つまり同じ）、量子Aの「運動量」が↑+↓なら量子Bの「運動量」は↑−↓、↑−↓なら↑+↓となっている（プラスとマイナスが反対）。

このようにスピンの量子エンタングルメントの関係が、位置と運動量の量子エンタングルメントの関係である式(2.2)（式（1.1））と同じであることは、図2−5のような量子エンタングルメントでも容易に確かめることができるので、是非読者は自分で確認して欲しい。

ここでこれをあえてやらない理由は、プラス・マイナスの符号の意味にあまり深入りしたくないからである（単にこんがらがるだけだと思うからである。ちなみに、エンタングルするとは「こんがらがる」という意味である）。

今までの話をまとめると、位置と運動量において相関のある、ひいてはあらゆる物理量において相関のある量子エンタングルメントの性質が、量子テレポーテーションを可能にしている。繰り返しになるが、「位置」（↑、↓）と「運動量」（↑+↓、↑−↓）の値から、あらゆる物理量の値を計算することができることから、あらゆる物理量において相関があるのである（早い話、物理量の値が同じか、絶対値が同じで符号が反対なのかである）。

2・2〉 2分の1スピンの量子テレポーテーション

位置と運動量に戻る

2分の1スピンの量子A、Bの間の量子エンタングルメントがあれば、位置と運動量の場合のように、量子テレポーテーションが可能になる。この説明に移る前に、少し歴史的な話をしよう。

前に述べたように、量子エンタングルメントはアインシュタインらの唱えたEPRのパラドックスに端を発している。これは、位置と運動量を用いたものであった。それは場合の数が無限にあり数学的に難しいことから、2分の1スピンのように2値しか取らない場合を考えるようになった。実験的にも、無限の場合の数があるものより、2値しか取らないものの方が容易であり、最初に実験で確かめられたのは、2値しか取らないものであった。これが、有名なアスペの実験である。

ちなみに、筆者はアスペ先生と懇意にさせていただいており、筆者の研究室にアスペ先生のいらっしゃる大学から学生が留学して来たが、その目的は何でしょうねと先生にお尋ねしたところ、「Japanese girl?」と答えられた。非常に愉快な先生である。

量子テレポーテーションも最初の理論的な提案は2値し

$$a\uparrow \quad + \quad b\downarrow$$

図2-11　2分の1スピンの量子テレポーテーションで送られる量子状態。↑が$|a|^2$の確率で観測され、↓が$|b|^2$の確率で観測される（$|a|^2+|b|^2=1$。a、bは複素数）重ね合わせ状態である。また、この状態は、↑を0、↓を1のように考え、量子コンピューターと絡めて、量子ビットと呼ばれることがある。

か取らないもので行われ（ベネットらにより提案されたもの）、その後、ヴェイドマンにより位置と運動量の場合の量子テレポーテーションが提案された。したがって、歴史の流れとしては、位置と運動量で始まった話が、2値しか取らない物理量の話に移り、また位置と運動量の話に戻りつつあるといったところであろう。

量子が1つでは決めようがない

2分の1スピンの量子テレポーテーションの説明に移ろう。まず、何を送るかといえば、図2-11のように、アップスピンとダウンスピンがそれぞれ$|a|^2$、$|b|^2$の確率で観測される（$|a|^2+|b|^2=1$。a、bは複素数）重ね合わせ状態である。もう少しわかりやすく言うと、aとbの値（複素数）を送ることになる。

しかし、これは量子が1つしかないときは決めようがない。何故なら、測定してわかるのは、アップスピンであるかダウンスピンであるかだけで（波束の収縮）、aとbの値はわからないからである。

ただし、同じ状態にある量子が非常に大量にあるときは、それぞれで測定を行い、アップスピンとダウンスピンが観測される頻度から$|a|^2$、$|b|^2$を割り出すことはできる。それでも、aとbそのものについては、ここまでの説明では決めようがない。

この状況は、位置と運動量の場合の量子テレポーテーションと同じである。アリス側では、送りたい量子状態にある量子への直接測定によって、その状態を決めることはできない、あるいはaとbの値という情報を抜き出すことはできないのである。

ちなみに、図2−11の状態は、↑を0、↓を1のように考え、量子コンピューターと絡めて、量子ビットと呼ばれることがある。また、aとbを適当に選ぶことにより、スピン2分の1量子のすべての重ね合わせ状態を表現できる。

すべての重ね合わせ状態を表現する

量子のすべての重ね合わせ状態について、もう少し詳しく述べる。↑＋↓や↑−↓ではa、bが省略されていて、↑＋↓では$a=b=\frac{1}{\sqrt{2}}$、↑−↓では$a=\frac{1}{\sqrt{2}}$、$b=-\frac{1}{\sqrt{2}}$とするのが本当である。つまり、

$$\begin{aligned}\frac{1}{\sqrt{2}}\uparrow+\frac{1}{\sqrt{2}}\downarrow&=\frac{1}{\sqrt{2}}(\uparrow+\downarrow)\\\frac{1}{\sqrt{2}}\uparrow-\frac{1}{\sqrt{2}}\downarrow&=\frac{1}{\sqrt{2}}(\uparrow-\downarrow)\end{aligned}\qquad(2.3)$$

となる。この場合、これらの重ね合わせ状態を測定して、

0または1を得る確率は、$\left(\sqrt{\frac{1}{2}}\right)^2 = \frac{1}{2}$から、それぞれ2分の1となる。

このように、aとbを適当に選べば、例えば$\sqrt{\frac{1}{3}}$↑－$\sqrt{\frac{2}{3}}$↓のようにすれば、すべての重ね合わせ状態を表すことができる（この例では、↑を得る確率は3分の1で、↓を得る確率は3分の2となっている）。つまり、平たく言うと、あらゆる確率の組み合わせで、↑と↓を重ね合わせることができる。正確に言うと、a、bは複素数であるので、少し違った側面――波の位相という側面――もあるが、ここでは話が複雑になるので、これぐらいで止めておく。

やはりBは何も変わらない

位置と運動量の場合と同様に、アリスとボブは量子エンタングルした量子AとBをそれぞれ持つ。2分の1スピンを持つ量子の場合は、図2－5の状態↑↑＋↓↓ということになる（後で述べるが、↑↑－↓↓でも良い）。

次に、送りたい状態にある量子（入力量子、図2－11）と量子Aを衝突させることになる。ただし、スピン量子の「衝突」は相互作用と呼んだ方が良いと思うので、そう呼ぶことにする。

さて、相互作用の結果は、図2－12のようになる。これも量子エンタングルメントの説明で用いた「式変形」である（詳しくは付録A参照）。

図2－12では非常に奇妙なことが起こっていることに気づく。それは、送りたかった情報であるaとbが、相互作

相互作用前

$$\left(a\overset{\text{入力}}{\uparrow}+b\overset{\text{入力}}{\downarrow}\right)\left(\overset{\text{A}}{\uparrow}\ \overset{\text{B}}{\uparrow}+\overset{\text{A}}{\downarrow}\ \overset{\text{B}}{\downarrow}\right)$$

$$=\left(\overset{\text{入力}}{\uparrow}\ \overset{\text{A}}{\uparrow}+\overset{\text{入力}}{\downarrow}\ \overset{\text{A}}{\downarrow}\right)\left(a\overset{\text{B}}{\uparrow}+b\overset{\text{B}}{\downarrow}\right)$$

$$+\left(\overset{\text{入力}}{\uparrow}\ \overset{\text{A}}{\uparrow}-\overset{\text{入力}}{\downarrow}\ \overset{\text{A}}{\downarrow}\right)\left(a\overset{\text{B}}{\uparrow}-b\overset{\text{B}}{\downarrow}\right)$$

相互作用後

$$+\left(\overset{\text{入力}}{\uparrow}\ \overset{\text{A}}{\downarrow}+\overset{\text{入力}}{\downarrow}\ \overset{\text{A}}{\uparrow}\right)\left(a\overset{\text{B}}{\downarrow}+b\overset{\text{B}}{\uparrow}\right)$$

$$+\left(\overset{\text{入力}}{\uparrow}\ \overset{\text{A}}{\downarrow}-\overset{\text{入力}}{\downarrow}\ \overset{\text{A}}{\uparrow}\right)\left(a\overset{\text{B}}{\downarrow}-b\overset{\text{B}}{\uparrow}\right)$$

図2-12　2分の1スピンの量子テレポーテーションにおいて、入力量子と量子Aを相互作用させる。これは、「式変形」でもある。ただし、正確には、相互作用後（右辺）を2で割る必要があるが、物理的には「確率の和が1となる」という以上の意味はないから、特に気にする必要はない。詳しくは付録A参照。

用後量子B（破線で囲んだ四角の中）に現れていることである。ただし、これらは重ね合わされているから、量子Bだけに注目すると、アップスピンもダウンスピンもその係数はすべて2aになっており、測定すると同じ頻度、つまり確率2分の1で観測される。つまり、相互作用の前後で、量子Bだけ観測しても何も変化がないことがわかる(式変形については付録A参照)。

したがって、量子エンタングルメントがあっても、相互作用をするだけで量子AからBへ何かが伝わるような、テレパシーまがいの超自然的なことは、**この段階では**起こっていないことになる。

もちろん、この様子は位置と運動量の量子テレポーテーションでも同じである。位置と運動量の場合でも、アリス側で入力量子と量子Aが衝突し、引き続きそれらの測定を行うと、ある意味、情報のポテンシャル（再現できる可能性）がボブ側に移ると述べた。「ポテンシャル」としたのは、測定の前後で、ボブ側の量子Bへの測定結果の分布が変わらないからである。

量子テレポーテーションとして送りたかった情報は、2分の1スピンの場合はaとbであり、位置と運動量の場合はこれらの確率分布みたいなものであったが、衝突・相互作用（さらにそれに引き続いた測定）により、それらの情報のポテンシャルがボブ側に現れるのも、それがボブ側の量子Bへの測定結果に何の影響も与えないのも、位置と運動量の場合と全く同じようになっている。

片方は自動的に決まる

次に、図2－13に示したように、アリス側で、入力量子と量子Aの状態が、↑↑+↓↓、↑↑－↓↓、↑↓+↓↑、↑↓－↓↑の4つのうちのどれであるかを明らかにする。ここで、この4つの場合は、図2－3で示した2つの量子のすべての場合を含んでいる。つまり、測定の仕方は違うものの、4通りに分けるという「次元」は等価である。

ちなみに、この4つの場合は、2－1節で説明したように、2つの量子が量子エンタングルした状態となっている。つまり、入力量子と量子Aのどちらかを測定によって明らかにすると、もう片方が自動的に決まるという関係にある。したがって、**もともと独立であった入力量子と量子Aを強制的に量子エンタングルさせるような測定**となっている。

また、この測定はベルの不等式を提案したベルにちなんで**ベル測定**と呼ばれる。ただし、残念ながら実現はなかなか難しい。

アリス側でのベル測定の結果、ボブ側の状況は変わったとも言えるし、変わらないとも言える。変わったと言えるのは、測定によって波束が収縮するから、量子Bの状態は変化する。ただし、量子Bの状態が変化したからといって、量子Bへの測定結果の分布の様子が変化するわけではないことに注意が必要である。何度もこのことを書いてしつこいようだが、ここは「勘所」なので何度も書く。要するに、情報のポテンシャルがボブ側へ移っているだけなのである。

入力情報の一部はBに移る

図2－13では例として、↑↓－↓↑を観測したとしている。その場合は、入力量子と量子Aを合わせた状態のみ明らかになったことになるから、入力量子、量子A、量子Bの全体の状態のうち、それに相当する部分（図2－13の破線で囲んだ部分）に収縮し、入力量子と量子Aに関しては測定値（状態ではない）、量子Bの状態はa↓－b↑となる。

しかし、だからといってボブ側での状況が変わったとも言えない。何故なら、アリス側でのベル測定の結果はボブ側ではわからないから、ボブ側では量子Bがa↑＋b↓、a↑－b↓、a↓＋b↑、a↓－b↑のどれになっているかわからない、あるいはこれらが等しい確率で起こっているとも言えるからである（測定すると↑と↓が等しい確率で得られる）。

また、繰り返しになるが、ボブ側に1つしかない量子Bにどんな測定をしてもaとbについて知る由もないから、入力量子の情報が伝わったとも言えない。情報のポテンシャルが伝わっただけである。

むしろ、ここで重要なのは、位置と運動量の場合の量子テレポーテーションのときのように、アリス側では何も入力量子の状態について情報（a、b）を得ないことである。そのため波束は収縮せず、つまりaとbは消えないで残っているのである。さらに言うと、ベル測定をすると量子エンタングルメントの性質により、入力量子の情報の一部（a、b）が量子Bに移るのである。

測定によって4つ
のうちのどれであ
るか決める

$$\left(\underset{入力A}{\uparrow}\underset{入力A}{\uparrow} + \underset{}{\downarrow}\underset{}{\downarrow}\right)\left(a\underset{B}{\uparrow} + b\underset{B}{\downarrow}\right)$$

$$+\left(\underset{入力A}{\uparrow}\underset{入力A}{\uparrow} - \underset{}{\downarrow}\underset{}{\downarrow}\right)\left(a\underset{B}{\uparrow} - b\underset{B}{\downarrow}\right)$$

$$+\left(\underset{入力A}{\uparrow}\underset{入力A}{\downarrow} + \underset{}{\downarrow}\underset{}{\uparrow}\right)\left(a\underset{B}{\downarrow} + b\underset{B}{\uparrow}\right)$$

$$+\left(\underset{入力A}{\uparrow}\underset{入力A}{\downarrow} - \underset{}{\downarrow}\underset{}{\uparrow}\right)\left(a\underset{B}{\downarrow} - b\underset{B}{\uparrow}\right)$$

⟹ $a\underset{B}{\downarrow} - b\underset{B}{\uparrow}$

$\underset{入力A}{\uparrow}\underset{入力A}{\downarrow} - \underset{}{\downarrow}\underset{}{\uparrow}$
であること
がわかる

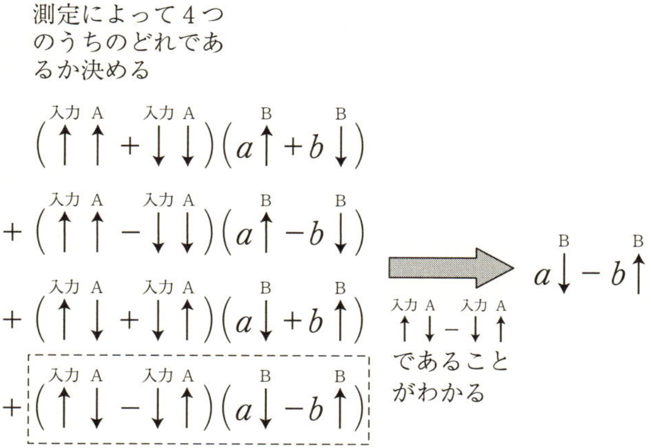

図2-13 2分の1スピンの量子テレポーテーションにおいて、入力量子と量子Aの相互作用後、この2つの量子の状態を測定する。例えば、↑↓-↓↑であることがわかると、波束は収縮し、量子Bの状態は $a\downarrow - b\uparrow$ となる。

2分の1スピンと、位置と運動量の場合は同じ？

量子テレポーテーションの仕上げとして、ボブはアリスから測定結果をもらい、量子Bに操作を施すことも、位置と運動量の場合と同様である。量子Bの状態としては、$a\uparrow + b\downarrow$、$a\uparrow - b\downarrow$、$a\downarrow + b\uparrow$、$a\downarrow - b\uparrow$の4つがあるが、どの状態も簡単な操作で、送りたかった状態$a\uparrow + b\downarrow$にすることができる。

その簡単な操作とは、「何もしない」、「ダウンスピンの符号をマイナスにする」、「アップスピンとダウンスピンを入れ替える」、「アップスピンとダウンスピンを入れ替え、ダウンスピンの符号をマイナスにする」である。この4つの操作は、図2−14のように、アリス側でのベル測定結果に応じて施すことになる。

この辺りの様子は、位置と運動量の場合に比べてシンプルに見えるが、単に場合の数が少ないからそう見えるに過ぎず、本質的には何も違いはない。

したがって、この2分の1スピンの量子テレポーテーションを読んだ後に、もう一度、1−6節の位置と運動量の量子テレポーテーションに関する説明を読むと理解が深まるかもしれない。

余談になるが、前述したように、歴史的には量子テレポーテーションは2分の1スピンのものが先に提案され、次に位置と運動量のものが提案された。しかし、提案された当時、両者は全く異なるものとして扱われていた。両者が初めてつながったのは、2分の1スピンの実験と位置と運動量の実験が成功して、注目が高まってからであった。つ

ベル測定結果	量子Bへの操作
$\left(\uparrow\uparrow + \downarrow\downarrow\right)\left(a\uparrow + b\downarrow\right)$	何もしない
$\left(\uparrow\uparrow - \downarrow\downarrow\right)\left(a\uparrow - b\downarrow\right)$	ダウンスピンの符号をマイナスにする
$\left(\uparrow\downarrow + \downarrow\uparrow\right)\left(a\downarrow + b\uparrow\right)$	アップスピンとダウンスピンを入れ替える
$\left(\uparrow\downarrow - \downarrow\uparrow\right)\left(a\downarrow - b\uparrow\right)$	アップスピンとダウンスピンを入れ替えダウンスピンの符号をマイナスにする

入力量子状態を再現 ⇒ $a\uparrow + b\downarrow$

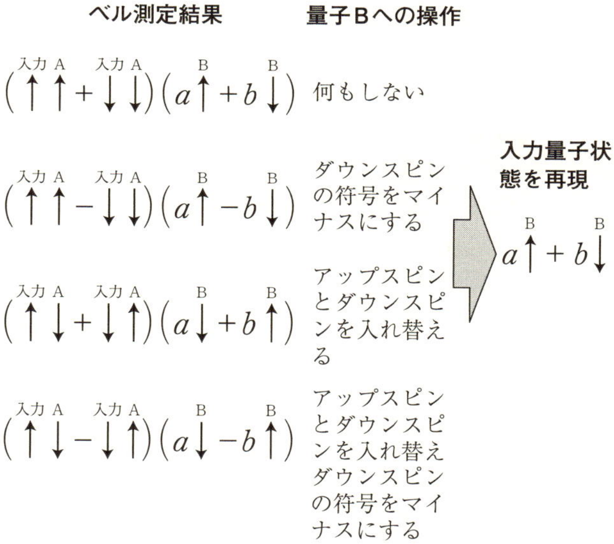

図2-14 ベル測定結果に応じて量子Bを操作し、入力量子状態をボブ側に再現。

まり、つい最近までは物理学者の大半が全く違うものだと思っていたくらいなので、読者がわからなくても何も恥じることはない。

　また、何度も言うが、2分の1スピンの量子テレポーテーションと、位置と運動量の量子テレポーテーションは本質的には何も違いはない。つまり、いずれも、入力量子の状態を、量子エンタングルした量子対の片方である量子Aと相互作用させた後、測定を行い、量子エンタングルメントの効果と測定結果を用いた量子Bへの操作により、受信側で入力量子の状態（正確には量子情報）を再現している。さらにそれぞれのステップで比べても、異なるのは次元だけでそれ以外は全く等価なことをしている。

2・3〉 光子の偏光を用いた2分の1スピンの量子テレポーテーション実験

光子の偏光状態を利用する

2分の1スピンの量子テレポーテーションと、位置と運動量の量子テレポーテーションは本質的には何も違いはないとは言ったが、実現法に関しては大きな差がある。どちらも光を用いて実現できるが、ここでは最初に行われた実験である偏光光子を用いたザイリンガーの2分の1スピンの量子テレポーテーション実験について述べる。

まず、実験を理解するために、光子の偏光状態がどのようなものであるか、またそれらがどのように2分の1スピン状態に対応するかを述べる。

図2－15に光子の偏光状態について示す。光は横波（電磁波）なので、基本的には2つの直交した垂直偏光と水平偏光がある。また、これらの重ね合わせから、左45度偏光と右45度偏光がある。もちろん、左45度偏光と右45度偏光を基本的な直交した2つの偏光とし、垂直偏光と水平偏光をそれらの重ね合わせと考えても良い。

図2－16には、これらの偏光状態と2分の1スピン状態との関係を示す。ここで、図2－17のように、2分の1波長分位相をずらすことにより、マイナスを表現できることさえわかってもらえれば、図2－16の対応は自然であるこ

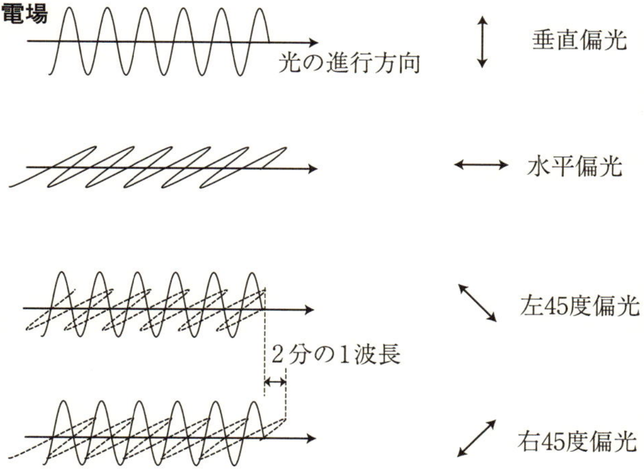

図2-15　光子の偏光状態　光は横波（電磁波）なので、基本的には垂直と水平の直交した2つの偏光がある。その2つが等しい重みで重ね合わされたのが左45度偏光と右45度偏光である。もちろん、左45度偏光と右45度偏光を基本的な直交した2つの偏光とし、垂直と水平偏光をそれらの重ね合わせと考えても良い。

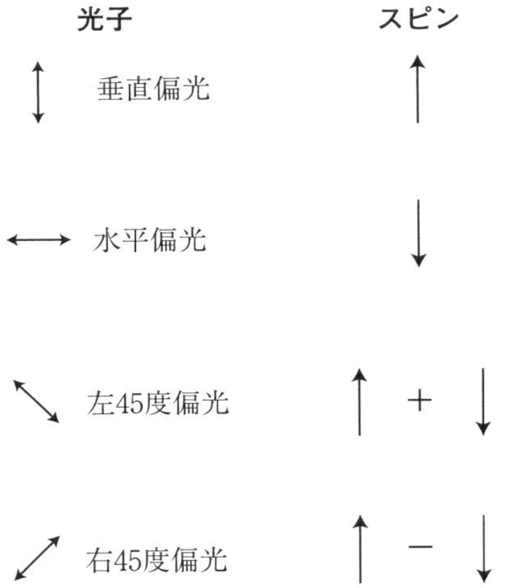

図2-16 光子の偏光状態と2分の1スピン状態の対応。

とを納得してもらえると思う。

また、すべてのスピンの重ね合わせ状態を表す$a\uparrow + b\downarrow$（$|a|^2+|b|^2=1$）の状態も、aとbがどれだけの割合で垂直偏光と水平偏光を重ね合わせ、それらが相対的にどれだけ位相が離れているかということで表現できる（この部分は、初心者には難しいかもしれないが、「根性」で乗り切って欲しい）。このように、光子の偏光状態を用いれば、2分の1スピン状態を表現できる。

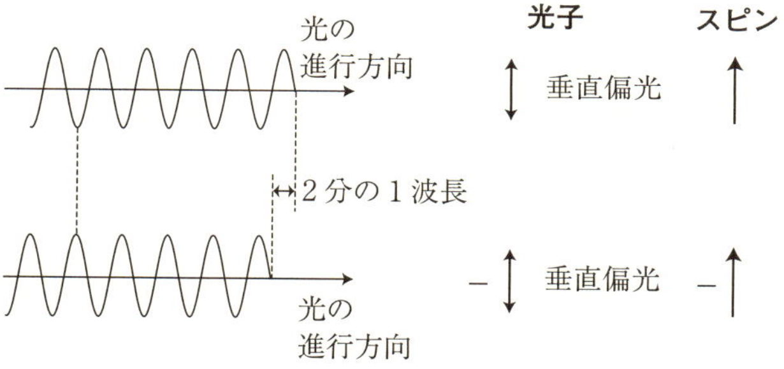

図2-17　光子の偏光状態にマイナスをつける、つまりこれで表現したスピンにマイナスをつけるには、光の位相を2分の1波長分だけずらせばよい。この図では垂直偏光のみを示したが、他の偏光の場合も同じである。

光で量子エンタングルメントをつくる

次は、どのように量子エンタングルメントを生成するかである。これはかなり難題である。しかし、元々の生成原理に戻って考えれば不可能ではない。前述したように、量子エンタングルメントはアインシュタインらのパラドックスから生まれた。そこでは、図1－17のように1つの量子を割って2つにすることにより、量子エンタングルメントを生成している。これを光で行うのである。

1つの量子を割って2つにするという芸当は、光の世界ではそれほど困難ではない。なぜなら、光子は量子といっても原子核のように粒子の実体（質量）があるわけではなく、ただの電磁波なので、波長を変換（波長を変える）し

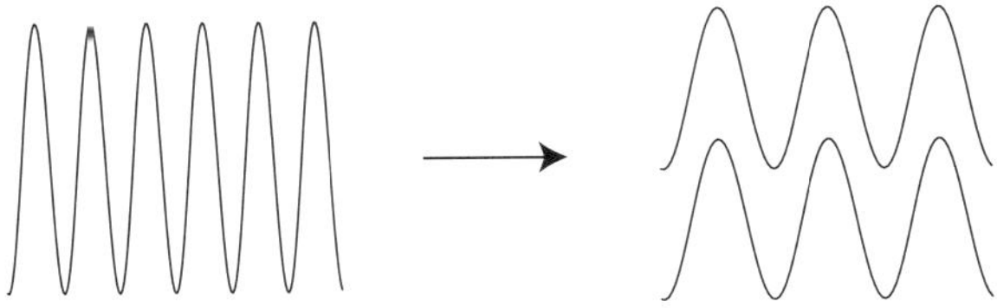

図2-18 波長2倍、つまり周波数半分の光に変換することにより、量子エンタングルメントを生成。

ただけで目的は達せられる。図2−18のように、波長が2倍、つまり周波数が半分の光に変換すれば良いのである(「波長×周波数＝光速」の関係がある)。

このトリックをちゃんと説明するのは難しいが、単純には、1個の光子のエネルギーはプランクの定数h×周波数νであるから、周波数が半分になれば、エネルギー保存則より光子2個分になる。つまり、

$$h\nu = 2 \times h\left(\frac{\nu}{2}\right)$$

である。したがって、波長変換により、周波数νの光子1個が周波数$\frac{\nu}{2}$の光子2個になり、1個の光子が分裂して2個の光子になったことになる。

さらに、このようにして生成された光子2個の間には、偏光に特別な関係（例えば、片方が垂直偏光ならもう片方は必ず水平偏光）があり、それが量子エンタングルメントとなる。また、ここでは詳しくは述べないが、このような波長変換は非線形光学という手法を用いて達成できる。

ここで、この様子を理解したい場合は、拙著『量子光学

と量子情報科学』を参照して欲しい。ただし、この本は、ある程度量子力学を学んでからでないと、理解するのは難しいかもしれない。つまり、大学に進学して量子力学を学んで欲しいという、いつものオチになってしまう。

光子の状態を偏光でつくる

このようにして生成した光子2個（光子対）から、図2−5で示したような量子エンタングルした状態↑↑+↓↓を、図2−16の偏光状態とスピンの対応から生成することができる。

量子テレポーテーションでは、これら光子2個のうち、1個をアリスが、もう1個をボブが持つようにする。ただし、ザイリンガーの実験では、量子エンタングルした状態ではあるが、↑↑+↓↓とは少し異なった状態、具体的には↑↓−↓↑を用いて実験を行っている。それは、次に述べるベル測定の実現が容易だからである。

ザイリンガーの実験で用いられた量子エンタングルメントを図2−19に示す。これを用いても、図2−20のように、2−2節で紹介した量子テレポーテーションの「式変形」（図2−12）と全く等価なことができる。

2−2節で量子エンタングルド状態として↑↑+↓↓を用いたのは、いきなり重ね合わせでマイナスが出てくると読者が面食らうのではないかと思ったからである。ザイリンガーの実験では、図2−19の光子の状態を図2−16の対応を用いて、光子の偏光状態として生成している。

ここで、前述したように、光子を使った場合、重ね合わせのマイナスは図2−17のように簡単に実現できる。元々

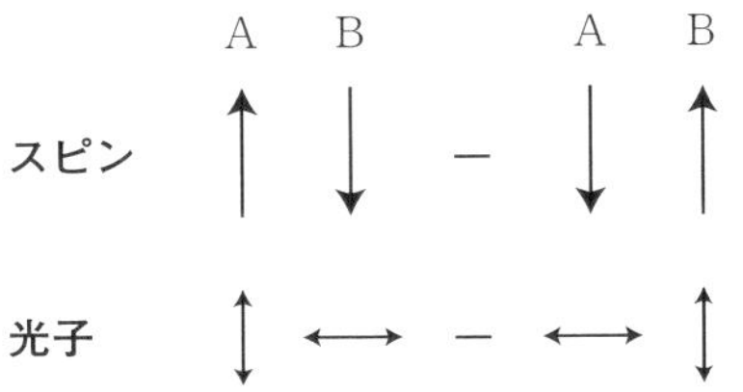

図2-19　光子の偏光状態で量子エンタングルメントを生成。マイナスによる重ね合わせは、片方の光の位相を図2-17のように2分の1波長分だけずらすことにより実現できる。

光は電磁波という波であるから、マイナスの重ね合わせは片方の波の位相を2分の1波長分だけずらして重ね合わせることにより達成できるのである。このようにして生成した光子AとBをアリスとボブが1つずつ持つことになる。

入力光子と光子Aの重ね合わせ

次に、アリスが入力光子と光子Aを相互作用させベル測定を行うことになるが、それは図2−20で示した「式変形」を図2−16の対応を用いて書き直せばよい（図2−21）。

実際には、図2−22のように、ハーフビームスプリッターと呼ばれる50パーセント透過、50パーセント反射の鏡の両側から、入力光子と光子Aを入射させることで一部実現できる。

残念ながら、ザイリンガーの方法では、入力光子と光子

相互作用前

$$\left(a\overset{\text{入力}}{\uparrow}+b\overset{\text{入力}}{\downarrow}\right)\left(\overset{A}{\uparrow}\overset{B}{\downarrow}-\overset{A}{\downarrow}\overset{B}{\uparrow}\right)$$

$$=-\left(\overset{\text{入力}}{\uparrow}\overset{A}{\downarrow}-\overset{\text{入力}}{\downarrow}\overset{A}{\uparrow}\right)\left(a\overset{B}{\uparrow}+b\overset{B}{\downarrow}\right)$$

$$-\left(\overset{\text{入力}}{\uparrow}\overset{A}{\downarrow}+\overset{\text{入力}}{\downarrow}\overset{A}{\uparrow}\right)\left(a\overset{B}{\uparrow}-b\overset{B}{\downarrow}\right)$$

相互作用後

$$+\left(\overset{\text{入力}}{\uparrow}\overset{A}{\uparrow}-\overset{\text{入力}}{\downarrow}\overset{A}{\downarrow}\right)\left(a\overset{B}{\downarrow}+b\overset{B}{\uparrow}\right)$$

$$+\left(\overset{\text{入力}}{\uparrow}\overset{A}{\uparrow}+\overset{\text{入力}}{\downarrow}\overset{A}{\downarrow}\right)\left(a\overset{B}{\downarrow}-b\overset{B}{\uparrow}\right)$$

図2-20　図2－12に示した、2分の1スピンの量子テレポーテーションの「式変形」において、アリスとボブが持つエンタングルした量子対を↑↑+↓↓から↑↓－↓↑に変える。

Aが相互作用した後の状態が、↕↔－↔↕、↕↔+↔↕、↕↕－↔↔、↕↕+↔↔のうちのどれであるかは完全にはわからない。しかし、図2－23のように、↕↔－↔↕であることだけはわかるようになっている。つまり、図2－22のように、ハーフビームスプリッターの通過後に光子検出器1、2を置き、両方の検出器が光子を検出した場合には、図2－23のように入力光子と光子Aがハーフビームスプリッター入力前に、↕↔－↔↕であったことになる。

「あったことになる」としたのは、両方の光検出器で同時に光子を検出した瞬間に波束が収縮し、図2－23で示した

$$\textbf{相互作用前}\quad \left(a\overset{\text{入力}}{\updownarrow}+b\overset{\text{入力}}{\longleftrightarrow}\right)\left(\overset{\text{A}}{\updownarrow}\overset{\text{B}}{\longleftrightarrow}-\overset{\text{A}}{\longleftrightarrow}\overset{\text{B}}{\updownarrow}\right)$$

$$=-\left(\overset{\text{入力}}{\updownarrow}\overset{\text{A}}{\longleftrightarrow}-\overset{\text{入力}}{\longleftrightarrow}\overset{\text{A}}{\updownarrow}\right)\left(a\overset{\text{B}}{\updownarrow}+b\overset{\text{B}}{\longleftrightarrow}\right)$$

$$-\left(\overset{\text{入力}}{\updownarrow}\overset{\text{A}}{\longleftrightarrow}+\overset{\text{入力}}{\longleftrightarrow}\overset{\text{A}}{\updownarrow}\right)\left(a\overset{\text{B}}{\updownarrow}-b\overset{\text{B}}{\longleftrightarrow}\right)$$

相互作用後

$$+\left(\overset{\text{入力}}{\updownarrow}\overset{\text{A}}{\updownarrow}-\overset{\text{入力}}{\longleftrightarrow}\overset{\text{A}}{\longleftrightarrow}\right)\left(a\overset{\text{B}}{\longleftrightarrow}+b\overset{\text{B}}{\updownarrow}\right)$$

$$+\left(\overset{\text{入力}}{\updownarrow}\overset{\text{A}}{\updownarrow}+\overset{\text{入力}}{\longleftrightarrow}\overset{\text{A}}{\longleftrightarrow}\right)\left(a\overset{\text{B}}{\longleftrightarrow}-b\overset{\text{B}}{\updownarrow}\right)$$

図2-21　光子の偏光による2分の1スピンの量子テレポーテーションにおける入力光子と量子Aの相互作用による「式変形」。

場合しか残らないという意味である。

ここで重要なことは、この測定によって入力光子の情報を全く得ていないことである。つまり、入力光子と光子Aが垂直偏光であったか水平偏光であったか全くわからないし、入力光子と光子Aの両方とも透過したか両方とも反射したかも全くわからない。つまり何もわからないから、これらの重ね合わせの状態になる。さらにこれを可能にしている物理は、次に述べるように、偏光が直交した光子、つまり$\updownarrow$と$\leftrightarrow$は干渉しないことである（波として考えれば当然であるが）。

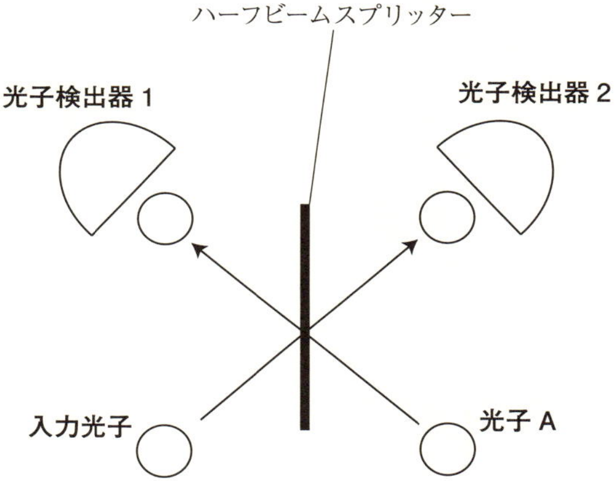

図2-22　ザイリンガーの実験で行われたベル測定の実現法。2つの光子検出器が同時に光子を検出したとき、↕↔−↔↕であったことがわかる（であったことになる）。

光を波と考える

以上のように判断して良いのは、図2−24のように、同じ偏光の光子がハーフビームスプリッターに入射した場合、必ずどちらか片方にしか光子は行かなくなるからである。こうなる理由は光子を粒子と考えると説明のしようがないが、図2−25のように波と考えると当たり前である。同じ偏光の光子の場合、波としての干渉が起こる。

さらに、エネルギー保存則により片側では強め合う干渉、反対側では弱め合う干渉となり、どちらか片方のみに

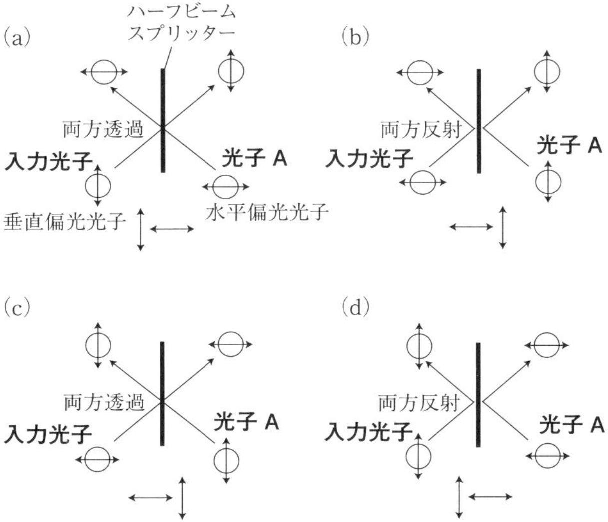

図2-23　入力光子と光子Aが相互作用した後の状態が、↕↔−↔↕ であることを明らかにするザイリンガーの方法。ハーフビームスプリッターを通過後に光子検出器を置く。両方の検出器が光子を検出するのは、この図の(a)から(d)のような場合、つまり2つの光子の偏光が直交しているため干渉せず、したがって図2−24のようなことは起きず、2つの光子が両方ともハーフビームスプリッターを透過する、あるいは両方とも反射するときである。これらは測定により区別できないから、入力光子と光子Aはハーフビームスプリッター入力前に、これらの重ね合わせの状態である↕↔−↔↕ であったことになる。つまり両方の検出器が光子を検出すると、↕↔−↔↕ であったことがわかる(であったことになる)。

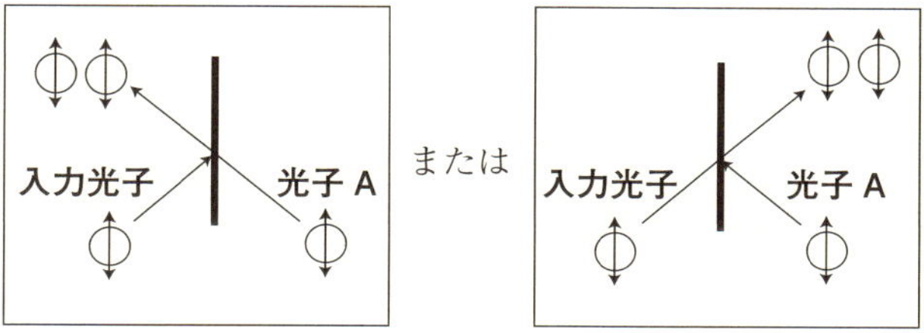

図2-24　ハーフビームスプリッターに同じ偏光の光子が入射。必ずどちらか片方にしか行かない。ここでは垂直偏光の場合しか示していないが、水平偏光の場合も同様である。

光が行き、もう片方には全く行かない。これが図2－24のようになる理由である。したがって、図2－23のように、入力光子と光子Aが直交した偏光のときのみ干渉が起こらず、2つの光子検出器へ同時に光子が向かう確率が生まれる。

このように、量子には、粒子としての性質と波としての性質の両方があり、我々の日常感覚からはずれたことが起きるが、これが量子なのだと「開き直る」しかしようがない。

また、検出された状態が、↕↔－↔↕であって↕↔＋↔↕でない理由も、言い換えると↕↔＋↔↕では図2－22の2つの光子検出器が同時に光子を検出しないのも、エネルギー保存則の要請から、ハーフビームスプリッターの出力の片方で必ず位相が反転する（2分の1波長分ずれる）ことによる。

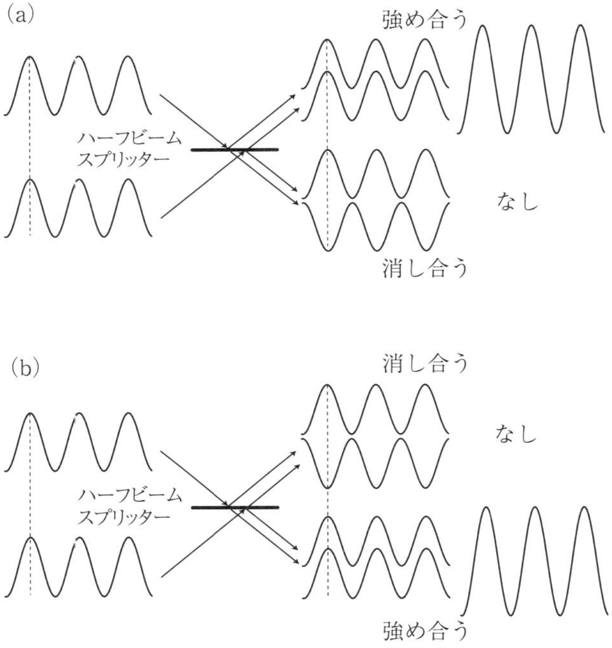

図2-25　ハーフビームスプリッターに同じ偏光の光子が入射。必ずどちらか片方にしか行かない。ここでは光子を「波」で表現している。2つの反射のうち、1つだけ位相が反転する（2分の1波長分位相がずれる）ため、片方では強め合い、もう片方では消し合い、図2－24のように片方だけに光子が2個行く。

ポストセレクション

このように、ザイリンガーの方法では可能性のある4つのうちの1つしか判別できない。しかし、図2－26のように、アリス側のベル測定で↕↔－↔↕であることがわかると、ボブの持っている量子Bの状態はa↕＋b↔となり、送りたかった状態がボブのところに現れる。つまり、量子情報であるa、bが何もしなくてもボブ側に現れることになる。したがって、量子テレポーテーションの完了である。

ただし、図2－21で示した4つの場合のうち1つの場合しか成功しないから、確率4分の3で失敗しているとも言える。それでも、1つの場合でも、ベル測定ができたときという条件付きでは必ず成功するとも言え、このような考え方（使い方）はポストセレクション（後で成功イベントを選別）と呼ばれている。

図2－27に1997年に行われたザイリンガーの実験の概念図を示す。実験の概要を説明する。まず、エンタングルした光子対発生源を2台同時に駆動し、エンタングルした光子対を同時に2組（光子AとB、光子V_1とV_2）つくる。光子AとBは図2－19の量子エンタングルド状態↕↔－↔↕になっていて、量子テレポーテーションに用いる。つまり、量子Aをアリスが、量子Bをボブが持つことになる。

また、光子V_1とV_2も図2－19の量子エンタングルド状態↕↔－↔↕になっているが、V_2を光子検出器3で検出した瞬間に光子V_1の存在を保証するといったトリックを使って、入力光子発生器として用いている。つまり光子V_1が入力光子になる。

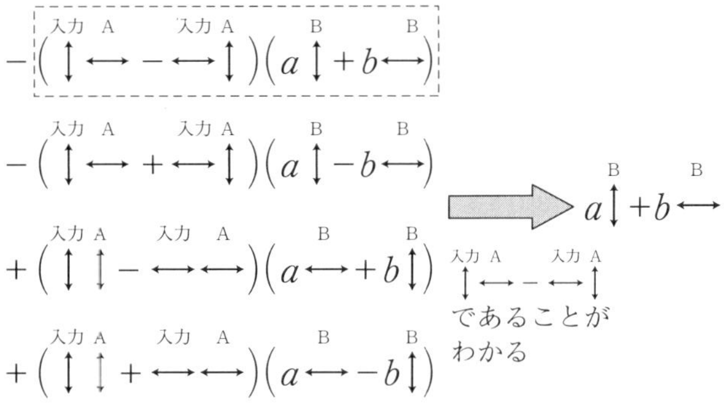

$$-\left(\underset{入力A}{\updownarrow}\underset{入力A}{\leftrightarrow}-\leftrightarrow\updownarrow\right)\left(a\underset{B}{\updownarrow}+b\underset{B}{\leftrightarrow}\right)$$

$$-\left(\underset{入力A}{\updownarrow}\underset{入力A}{\leftrightarrow}+\leftrightarrow\updownarrow\right)\left(a\underset{B}{\updownarrow}-b\underset{B}{\leftrightarrow}\right)$$

$$+\left(\underset{入力A}{\updownarrow}\underset{入力A}{\updownarrow}-\leftrightarrow\leftrightarrow\right)\left(a\leftrightarrow+b\underset{B}{\updownarrow}\right)$$

$$+\left(\underset{入力A}{\updownarrow}\underset{入力A}{\updownarrow}+\leftrightarrow\leftrightarrow\right)\left(a\leftrightarrow-b\underset{B}{\updownarrow}\right)$$

⇒ $a\underset{B}{\updownarrow}+b\underset{B}{\leftrightarrow}$

$\underset{入力A}{\updownarrow}\leftrightarrow-\leftrightarrow\underset{入力A}{\updownarrow}$
であることが
わかる

図2-26 アリス側のベル測定で $\updownarrow\leftrightarrow-\leftrightarrow\updownarrow$ であることがわかると、ボブの持っている量子Bの状態は $a\updownarrow+b\leftrightarrow$ となる。

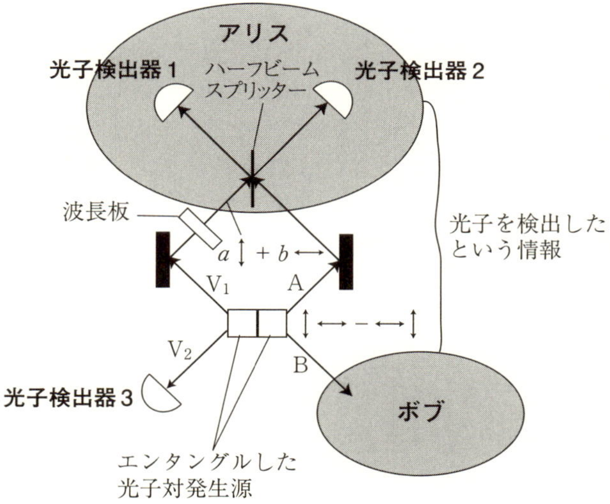

図2-27　1997年にザイリンガーらが行った量子テレポーテーション実験概念図。

波長板では偏光を回転させ、入力光子の偏光状態を自由に変更することができる。つまり、波長板により、a↕＋b⟷を生成する。

アリス側では入力光子V_1と光子Aをハーフビームスプリッターで合わせる。これは先ほど説明したベル測定であり、光子検出器1と2が同時に光子を検出したとき、↕⟷−⟷↕であることがわかり、ベル測定が完了する。また、この検出情報をボブに伝えれば、ボブ側にある量子Bはすでにa↕＋b⟷となっているから、それで量子テレポーテーション完了である。

もう少し正確に言うと、入力光子の存在保証である光子検出器3も光子を検出しなければならないので、光子検出器1、2、3で同時に光子を検出したときに量子テレポーテーションが完了したことになる。

ザイリンガーの方法の欠点

しかし、実際のザイリンガーらの実験では、致命的な欠点が指摘された。それは、当時の光子検出器では光子の有無は区別できるが、光子1個と2個を区別することはできなかったことによる。その欠点とは、量子エンタングルした光子対発生源では、同時に2組のエンタングルした光子対を発生する確率を持つが、それにより光子V_1、V_2が同時に2組生成されることがあるということだ。

元々エンタングルした光子対を生成する確率はそれほど高くないため、光子対が全く生成されない確率はそれなりに高い。このようなとき光子検出器が1個の光子と2個の光子を区別できないとすると、光子V_1、V_2が同時に2組生成され、光子A、Bが生成されない場合でも、量子テレポーテーションが完了したことを示す光子検出器1、2、3での同時検出が起きてしまう。

もちろん、光子A、Bが生成されていないので量子テレポーテーションは行われていない。したがって、3つの光子検出器の同時検出が、必ずしも量子テレポーテーションの成功を保証しなくなってしまう。

さらに悪いことに、この「偽」同時検出と量子テレポーテーションの成功の確率が等しいことが証明され、光子検出器1、2、3で光子が同時検出されても、量子テレポーテーションが2分の1の確率でしか成功しないことがわかってしまった。つまり、量子テレポーテーションをしてなくても、ボブ側で適当にコインを投げて、それによりアップスピンかダウンスピンかを適当に決めたのと実質的に同じということになってしまった。

量子コンピューターにはまだ使えない

ただし、実際はそれでも救いはあり、ボブ側で光子Bを検出し存在を確認できれば、光子A、Bが生成されたことになるから、量子テレポーテーションは成功しているはずである。したがって、ザイリンガーらの実験では、テレポートされた光子（光子B）の測定を行わざるを得ないことになる（実際行っている）。

もう少し現実に即して言えば、光子Bの先に光子検出器があり、それも含めて4つの光子検出器で光子を同時検出すれば、量子テレポーテーションが成功したことになる。したがって「量子通信」には使えるかもしれない。

しかし、入力と出力が等しい恒等演算とみなせる量子テレポーテーションは、最も基本的な量子コンピューターなので、出力を必ず測定しなければならないということになると、出力された量子状態は壊れてしまうから（波束は収縮してしまい重ね合わせの状態でなくなってしまうから）、量子コンピューティングには使えないことになる。

また、本来の意味で、量子テレポーテーションとは、量子状態の伝送であるから、必ずテレポートされた量子を測定しなければならず、その結果その状態が壊れてしまうということになると、テレポートされた量子状態が残っていないので、本来の意味での量子テレポーテーションの成功とは言えないかもしれない。

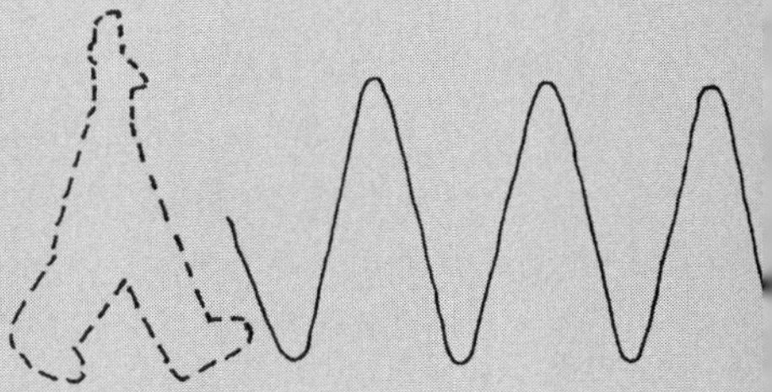

第3章

光を用いた位置と運動量の量子テレポーテーション

3・1〉光の位置と運動量——波束とは

光の位置は決められない

ここまで、光子の偏光を用いた2分の1スピンの量子テレポーテーション実験について述べてきた。先に位置と運動量の量子テレポーテーションの理論の説明をして、実験法としては2分の1スピンの量子テレポーテーションについて述べたのは、前述したように、実験を理解するのが比較的容易だと思ったからであった（どうであろうか？）。

この章では、覚悟を決めて、光を用いた位置と運動量の量子テレポーテーション実験について述べたいと思う。なお、ここで紹介する量子テレポーテーション実現法は、1998年、ブラウンシュタインとキンブルにより提案されたものである。

まず、光の何を位置と運動量に「見立てて」実験をするかを説明する。前章までの話を引きずると、光子の位置と運動量を用いて話を進めるような気がするかもしれない。しかし、ここからは光子という言葉から少し距離を置いて欲しい。

「距離を置く」という意味は、背景には光子という概念もあるが、決して前面には現れないということである。つまり、ここからの話では光子の位置と運動量は関係ないということになる。当然であるが、光は光速で動いているため、光子の位置はそもそも決めようがない。

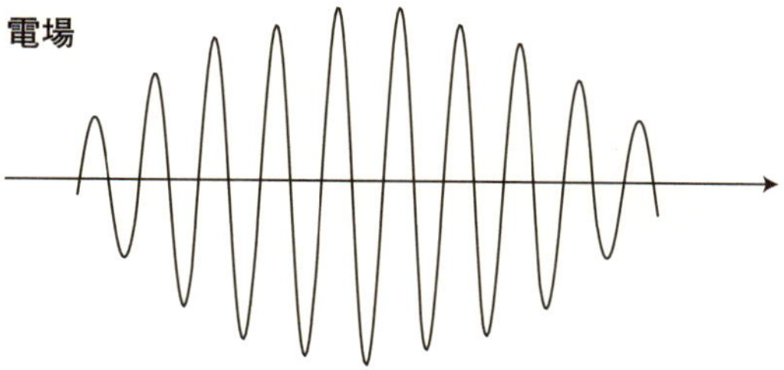

図3-1　波束の概念図　時間的に電場振幅が大きくなりさらに小さくなっていることから、これは単なる（単一波長の）波ではなく、いろいろな波長が重ね合わされていることになる。したがって、波の束＝波束と呼ばれる。もちろん、波束の時間的な長さが十分長ければ、ほとんど単なる（単一波長の）波と同じとなる。この章では、主にこの場合、つまり波束の長さが十分に長い場合に話を限定する。

波束を考える

ここでは、もっと一般的に、図3−1のような波束（波の束：波の重ね合わせ）を1つの量子のように扱う。波束とは、時間的に局在した（ある時刻に始まり、しばらくするとなくなる）波のことである。別の表現をすると、時間的に大きさが変化しない（普通の）波であれば、1つの波長となるが、大きさが時間変化する波束は、1つの波長ではなく、いろいろな波長の波が重なり合っていると考えることができる。

ここまであえて触れてこなかったが、そもそも、量子とは波束のことなのである。原子核や電子のような量子も、このような波と考えることができる。ただ、確率振幅（自乗するとそこに存在する確率となるもの）の波なので、今ひとつピンと来ないかもしれないが……。詳しくは、大学に入ってから学んで欲しい。

それに対し、光は元々電磁波という波なので、このように考えるのは自然である。ただ、いろいろな波長が存在すると話がややこしくなってしまうため、この章では、波束の時間的長さを十分に長いと仮定し、1つの波長と考えて良いとする。つまり、粒子としてではなく、波として量子力学を捉え直す。もちろん、不確定性原理を満たす波である。

ちなみに、前章での光子の偏光を用いた量子テレポーテーションの話は、波束の時間的長さが十分短い場合に相当し、ハーフビームスプリッターでの干渉以外は波であることを考慮する必要はなく、原子核や電子と同じ粒子と考えることができた。

量子とは？

少し話題が逸れるが、「量子力学」というネーミングは、とても誤解を生みやすいものであることを注意しておく。つまり、「量子」には、「粒子的なもの」という語感があり、これが「諸悪の根源」なのである。原子核や電子のように、質量のある粒子は、量子としてイメージしやすいが、光のように質量がなく元々波であるものに対しては、光子のように粒子的に考えられるもの以外、量子力学的に考えることへの「拒否反応」を誘発しているのである。

筆者は商売柄、量子とは何かという質問を一般の人から良く受ける。実は、これは本当に難題である。と言うのも、量子というものは波束なのであるが、波束の時間的な長さにより、粒子的になったり、波のようになったりするからである。

もちろん、波束の時間的な長さが短い場合は粒子的であり、長い場合は波のように振る舞う。ただ、いずれの場合も程度問題で、粒子、波いずれの性質も併せ持つ。このようなことを一般の人に言っても、わからないと言って嫌われるのがオチである。

光子は位相の情報を失った波の状態

「正しい」量子力学の理解のために、あえて最も難しい例を以下に挙げる。それは、時間的に長い波束、つまり、ほとんど波として振る舞う場合でも、光子を考えることができるという、我々の「常識」からは想像できない例である（これが「真の」量子力学である）。これが理解できれば（慣れてしまえば）、「怖いものなし」である。

光子というのはエネルギーが定まった（確定した）状態であり、後で説明するように、位相の情報を失った波の状態と考えるのが正しい。ここで、エネルギーとは波の振幅（波の高さ）の自乗に相当している。したがって、エネルギーが定まった波とは、波の振幅は一定であるが位相が全く定まらない状態となる。

もう少し詳しく言うと、原子核や電子のような量子は、普通、エネルギーの大きさを単位として量子の数を議論することはない。原子核や電子では、1つの粒子に決まった質量があり「実体」があるため、あらためて量子1個をエネルギーの大きさで定義し直す必要がないからである。

しかし、光子の場合、元々波であり質量がないため、粒子のような「実体」が存在せず、我々が「勝手に」光子というものを定義できる。つまり、光を量子的に考える場合、エネルギーの大きさを単位として、その個数を議論することが多く、それが光子の「正体」となっている。

光子はエキゾチック?!

ただ、「勝手に」と言っても、光子1個のエネルギーを適当に決めることはできない。量子力学の根幹である不確定性原理の要請により決めるのである。光子は、エネルギーが単位の大きさ（前述したように、プランクの定数h×光の周波数ν）の光として定義される。これは、不確定性原理の要請により、これより小さなエネルギーは決めようがないことから来ている（詳しくは、大学で勉強して欲しい）。

もう少し脱線する。エネルギーと時間には、位置と運動量のように不確定性関係があり、波にとって時間は位相に相当する。したがって、上で述べたように、エネルギーが「光子1個分」のように定まっている光子のような量子では、位相は全く決まらないことになる。そのため、光子を波として考えた場合は図3－2のようになる。

極めて不思議なかたちになっていることがわかる（波のようには見えない）。このように、従来、光子と軽々しく言っているが、実は極めて「エキゾチック」な状態（量子力学的に考えないと存在しない状態）なのである。原子核

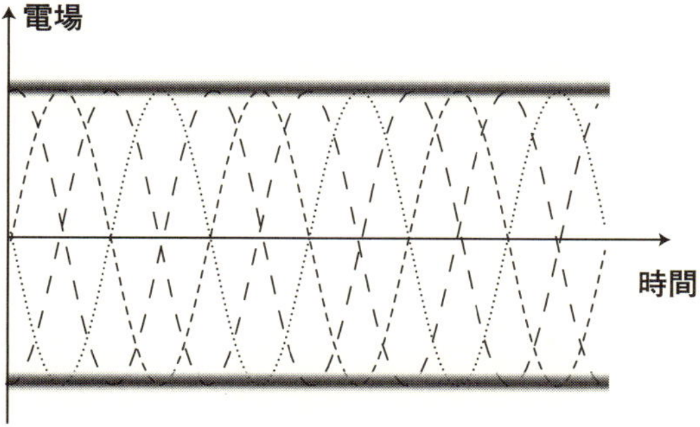

図3-2　光子を波として考えた場合の概念図　位相が決まらないので、実質的には電場の値は時間的には変動せず2値（実線部）しか取らない。

や電子のような量子とは全く違う種類の量子であることに注意が必要である。つまり、光子は量子力学を導入しない限り存在しないのであるが、原子核や電子は存在する（？）のである。ちょっと、哲学的になりすぎたので、この辺で止める。

光子の話に戻すと、光子は純粋に量子力学的状態（不確定性原理が成り立つ状態）であるため、量子力学的には見えない装置（不確定性原理が成り立たない装置）を用いて生成することは容易ではない。そのため、図2－27で示したザイリンガーの実験では、「しぶしぶ」エンタングルした光子源を用いて光子V_1、V_2を生成し、光子検出器3が光子を検出したら、光子V_1が存在する（光子V_1を生成したことになる）としているのである。現時点で光子を生成する方法はこの程度のもの（確率的に条件付きで生成するもの）なのである。

光子は波束

本題である光の量子状態である波束の話に戻る。

いずれにしても、波束として考えれば、光子の状態だけでなく、すべての光の状態を表すことができる（もちろん、光だけでなくすべての物理系も波束として考えることができる）。もう少し正確に言うと、光子**数**が決まった状態（光子数が0、1、2、…に決まっている、純粋に量子力学的に考えないと存在しない状態）の重ね合わせとして、すべての光の状態は記述できるが、光子と言うと光子数1の場合を指すことが多いから、この章での説明は、誤解を避けるため波束という表現のみで押し通そうと思う。

ただし、時間的に短い波束の場合は、光の周波数が多数必要になり話が複雑になるため、この章では、前述したように、波束は時間的に十分長く、連続的に一定の振幅で振動する電場と考えることができる場合に話を限定する。

したがって、波束と波の違いはあまりない。実験的には、無限の時間実験を続けることはできないから、必ず波束の考え方は必要になるが、例えば1秒間実験を続けることができれば、1マイクロメートルの波長を持つ光は、3×10^{14}回振動をすることになるから、実質的に無限の時間振動し続ける波と大した差はない。

多数の光子を含む光子の流れ

光の波束における位置と運動量に相当するものは、天下

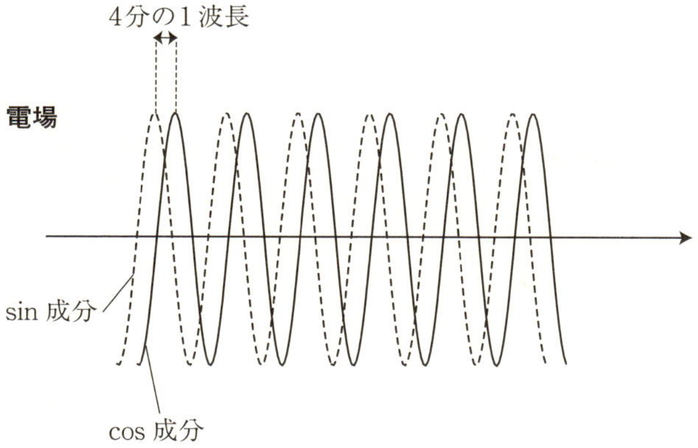

図3-3　波のsin成分とcos成分　これらは4分の1波長分位相がずれている。

りになるが、図3−3に示したような電場のsin成分とcos成分の振幅（符号を含めた振り幅）である。繰り返しになるが、これらは決して光子の位置や運動量ではないことに注意が必要である。

ここで、三角関数に慣れていない読者のために言い直すと、sin成分とcos成分とは、位相が4分の1波長分ずれた2つの波である。これらは片方が一番大きいときもう片方が零になることから、強め合ったり弱め合ったりしない。したがって、独立な成分となり得る。

また、すべての波はsin成分とcos成分の重ね合わせで描ける。さらに、sin成分とcos成分は位置と運動量と全く同じ不確定性関係にある。つまり、sin成分の振幅が定まれば、cos成分の振幅は全く決まらないという関係にある。

どうしてこうなるかは、光つまり電磁波（場）を量子化する（不確定性関係を定める）とこうなるとしか言いようがない。この関係は、光子というものを定める（定義する）と、自動的にそうなるのである。これでは説明になっていないので、より詳しく知りたい人は、拙著『量子光学と量子情報科学』を読んで欲しい。

ただ、1つだけ注意しておくと、光子の振幅は決まった値であるが、波束の**sin成分やcos成分の振幅はどんな値でも取れる**。これは光（波束）のsin成分、cos成分を考えているときは、基本的に多数の光子が重ね合わされている状態を考えており、それらはいろいろな位相となっているから、それぞれの光子はsin成分、cos成分に少しずつ貢献し、足し合わされる（ときどき引き算もされる）からである。つまり、この章の話は、基本的に**多数の光子を含む光子流**の話となっている。

波束のsin成分とcos成分を位置と運動量に見立てる

ここまでの話のように、光の波束のsin成分とcos成分を位置と運動量に見立てることによって、量子の位置と運動量で考えてきた量子テレポーテーション実験を、（時間的に十分長い）波束を用いて行うことが可能となる。この場合、送るべき量子情報とは、sin成分とcos成分の振幅の情報となる。

ここまでは、sin成分が位置、cos成分を運動量としてきたが、その逆、つまりcos成分が位置、sin成分が運動量としても良い。一般に波の場合、sin成分とcos成分は相対的なものであり、定義の仕方、あるいは時間原点の決め方で変わってしまう。したがって、光の場合でも、どちらでも良いのである。もちろん、初めにsin成分が位置、cos成分を運動量にして議論をスタートして、途中から入れ替えるのは反則であるが。

3・2〉 光の波束を用いて量子エンタングルド状態をつくる

光の波束をエンタングルさせる

次に、量子エンタングルメントをどのように生成するかが問題となるが、これは偏光を用いたときと同じように、図2－18に示した、波長が2倍、つまり周波数が半分の光に変換することにより達成される。ただし、図2－18での変換では、暗黙のうちに、あるいは明示的に、変換前の光も1個の光子と考えていた。しかし、ここではその「制限」を外し、変換前の光は大量に光子を含むものとする。申し訳ないが、具体的にどのようにして波長変換を行うかは、ここで説明するのは難しいので、割愛させていただく。

そうすると、図3－4のように、2つずつペアになった光子群を生成すると考えることができる。先の、ザイリンガーの実験では、この波長変換を光子の偏光の量子エンタングルメント生成に利用していた。しかし、ここでは実験条件（位相整合条件と呼ぶ）を変更し、同じ偏光のみでこのようなことが起こるようにしている。したがって、文字通り全く区別の付かない、さらに2つに分離することもできない2つの同じ光子が、それぞれペアになって飛んでくる

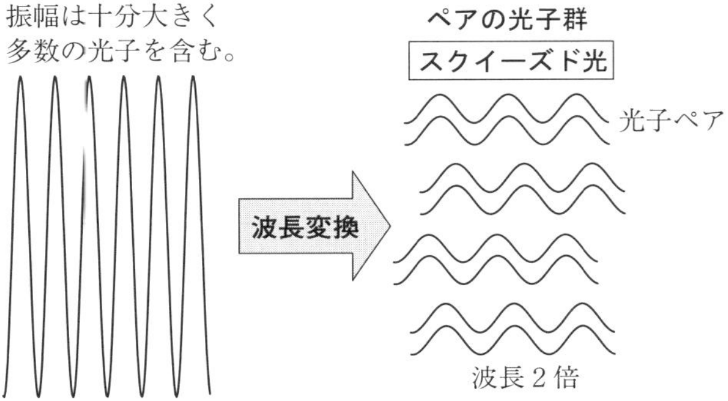

図3-4　波長２倍、つまり周波数が半分の光に変換するとき、変換前の光の制限を外した場合、２つずつペアになった光子群を生成することになる。また、このような光子群をスクイーズド光と呼ぶ。

ことになる（図3－5参照）。

偏光の量子エンタングルメントは使わない

偏光の量子エンタングルメントの場合、偏光のトリック（偏光ビームスプリッター：垂直偏光は全反射、水平偏光は全透過できるビームスプリッター）を使うことにより、2つの光子は別の方向へ出すことができ、量子エンタングルメントの生成はこれで完了だった。しかし、波束の量子エンタングルメントをつくる場合、これだけでは完了ではない。何故なら、偏光が同じなのでこのままでは、エンタングルした光子を空間的に分離できず、したがって、アリスとボブでそれぞれ持つということができないからである。

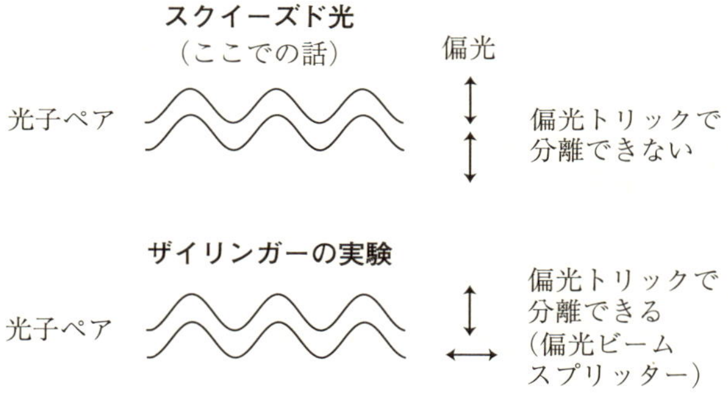

図3-5　ここで説明している光子ペアとザイリンガーの実験での光子ペア。ここで説明している光子ペアは同じ偏光であり、ザイリンガーの実験での光子ペアは直交した偏光になっている。

そう言うと、どうして偏光のトリックを使えるような条件で実験を行わないのかと思うかもしれないが、そもそも、ここでは波束のsin成分やcos成分を扱っていて、光子という考え方は背後にあるだけなので、光子のときのように偏光という別の「自由度」あるいは変数を新たに加えるわけにはいかないのである。

そのため、この状態は、量子エンタングルメントのポテンシャル（潜在力）はあるが、2つの別の方向へ分けることはしておらず、したがって量子エンタングルメントを引き出してはいない状態ということになる。

ペアになって飛んでくる光

先に示した図3-4、図3-5において、2倍の波長への変換プロセスはスクイージングと呼ばれ、生成された光はスクイーズド光と呼ばれる（「スクイーズ」という名前の由来については、この本で説明するには難しすぎるので止めておく。興味のある人は拙著『量子光学と量子情報科学』を参照されたい）。したがって、スクイーズド光は光子が2つずつペアになってたくさん飛んでくる光ということになる。

もう少し言うと、仮に光子数カウンターがあり、スクイーズド光を測定したとすると、その結果は0、2、4、6、…というように偶数しかありえない。しかし、上で述べたように、これは1つの波束であるため、空間的に離れた量子の関係である量子エンタングルメントとは言えない。

さらに、これも上で述べたように、同一の偏光成分を用いるので、偏光のトリックを使って2つの光子に分けることもできない。しかし、ハーフビームスプリッターのトリック、特に図2－25とその説明で示したように、反射した1つの波束のみ位相が反転する（2分の1波長分位相がずれる）ことを用いると、以下のように量子エンタングルした2つの波束をつくることができる。

ただし、何度も繰り返すが、今回の量子エンタングルメントは（光子の）偏光に関するものではない。つまり、生成された量子エンタングルした2つの波束は、同じ偏光になっている。

スクイーズド光が干渉しないようにする

今回の量子エンタングルメントとしては、式（1.1）のような関係、つまり、波束AとBの位置（cos成分の振幅）x_Aとx_Bと、運動量（sin成分の振幅）p_Aとp_Bの間で以下のような関係が成り立っている場合を扱う。

$$\begin{aligned} x_A &= x_B \quad \text{つまり} \quad x_A - x_B = 0 \\ p_A &= -p_B \quad \text{つまり} \quad p_A + p_B = 0 \end{aligned} \qquad (3.1)$$

このような量子エンタングルした2つの波束を生成するには、図3-6のように2つのスクイーズド光を、4分の1波長だけ位相をずらして、ハーフビームスプリッターで重ね合わせる。この場合、図2-24あるいは図2-25で示したようなハーフビームスプリッターの性質が現れる。つまり、反射した光の1つだけ位相が反転する（エネルギー保存則のため、2分の1波長分位相がずれる）。

ただし、図3-6の場合は、図2-24あるいは図2-25の場合と異なり、2つのスクイーズド光は干渉しない。なぜなら2つのスクイーズド光の位相が、4分の1波長だけずれているからである。したがって、強め合ったり、弱め合ったりしない。そのまま出力されるのである。

ここで、図2-24の例では、光子の干渉を図2-25のように波で説明した。図3-6の場合も、波束（波）の干渉を、光子も絡めて説明していることになる。つまり、図2-24あるいは図2-25では、光子1個同士の干渉であったのに対し、図3-6では、本来図3-4のように多数ある光子ペアの1つだけを抜き出し、波としての干渉の議論をしていることになる。実際は、これと全く同じことが、同時進行で多数起きていると考えれば良い。

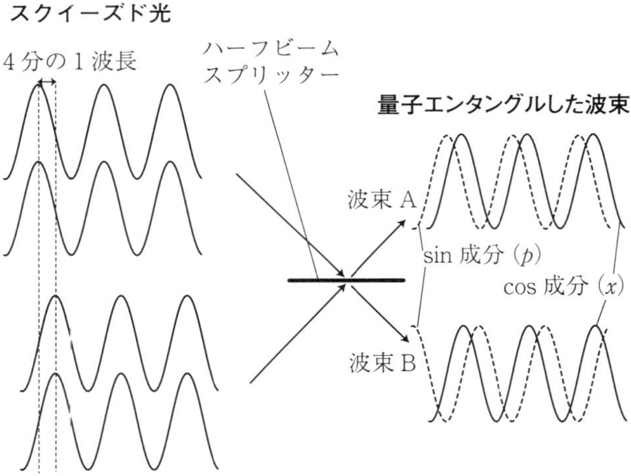

図3-6　2つのスクイーズド光を4分の1波長だけ位相をずらしてハーフビームスプリッターで重ね合わせ、量子エンタングルした2つの波束A、Bを生成。ここで、スクイーズド光はペアの光子群であるが、代表して1ペアのみ描いている。

あらゆる波の重ね合わせの量子エンタングルメント

もう少し詳しく見てみよう。繰り返すが、図2－24あるいは図2－25と違って、図3－6の場合は、4分の1波長だけ位相をずらしているので、波としては干渉することはない。また、図2－24あるいは図2－25の場合と同様に、ハーフビームスプリッターでの反射の1つだけ、エネルギー保存則の要請により位相が反転する。そのため、図3－6では、ハーフビームスプリッターを透過した光のうち、1つだけsin成分が反転している。

このような場合、2つの波束A、Bの間では、sin成分は互いに反転した振幅、cos成分は同じ振幅となる。ここで、cos成分を位置x、sin成分を運動量pとすると、2つの波束A、Bの間では、

$$\begin{aligned} x_{\mathrm{A}} - x_{\mathrm{B}} &= 0 \\ p_{\mathrm{A}} + p_{\mathrm{B}} &= 0 \end{aligned} \qquad (3.2)$$

の関係がある。式（3.2）は、「2つの波束A、Bの間では、sin成分は互いに反転した振幅、cos成分は同じ振幅」を式で表現しただけである。

また、xやpのように変数で表したのは、図3－4の波長変換において、変換前の光の振幅は随時変化し得るからである。前述したが、図3－6では光子1ペアずつで代表して描いているが、実際はスクイーズド光は多数の光子ペアなので、同じ過程が同時進行で多数起こっており、したがって、それらの総和である振幅はいろいろな値を取り得る。

式（3.2）は1－5節で説明した、アインシュタインらによって初めて提案された量子エンタングルメントそのものである（式（1.1）あるいは式（3.1））。波束Aで位置x（cos成分の振幅）を測定してある値に定まれば、波束Bの位置は何もしなくても同じ値になるし、同様なことが運動量（sin成分の振幅）についても起こるのである。

ここで注意しなければならないことは、位置xで符号も含めて同じ値、運動量pで符号が反転した同じ大きさといっても、実際にどのような値であるかは、測定してみないとわからないことである。つまり、あらゆる値を取る可能性が等しくあることである。したがって、波として考えた場合、すべての大きさ（振幅）の波の重ね合わせになっている。

もちろん、振幅を測定すれば波束は収縮し1つの（古典的な）波になるが、測定以前はあらゆる大きさの波の重ね合わせなので、全体としては大きなノイズと等価になっている（1－6節で説明したことと同じことである）。また、当然であるが、あらゆる値を取る可能性が等しくあり、ノイズとみなせることも、アインシュタインらが初めて提案した量子エンタングルメントと全く同じである。

多数の光子を考えるわけ

ここまでの説明には難しい部分が多々あったが、光子で考えるともう少し詳細が明らかになる（？）。ただ、「**多数の光子流＝sin成分＋cos成分**」ということは常に念頭に置いて欲しい。

繰り返しになるが、図3－6では光子1ペアずつの場合を示したが、実際はスクイーズド光は多数の光子ペアの集合である。したがって、図3－6のハーフビームスプリッター後の光も多数の光子の集合ということになる。

また、上で述べた「あらゆる大きさの波の重ね合わせ」は、光子で説明すると、「あらゆる光子数の状態の重ね合わせ」ということになる。もちろん、光子数を測定すれば値が得られるが、その値は測定してみないとわからない。

ただし、ハーフビームスプリッター後の2つの光の片方で光子数を測定して値を得れば、もう片方は測定しなくても同じ値であることがわかってしまう。これも量子エンタングルメントの別の現れ方となっている。また、測定された光子数の値自身は、あらゆる値を取る確率が等しくあり、そのため何の情報も載せようが無く、したがって、ノイズと呼んでも良いのである。

少し脱線する。このように、光子を用いると説明が簡単になったように感じるが、単純に光子のみで考えてしまうと、図3－2で示したように、波としての大事な性質である位相がなくなってしまう。

つまり、完全に粒子になってしまい、「使える」物理量は光子数1つしかなくなってしまい（光子数を1、2、3、…と数えることしかできない）、2つの物理量である位置と運動量を表せなくなってしまう。位置x、運動量pはあらゆる値を取る必要があり、つまり、難しく言うと2次元であるため、1つの物理量（光子数）、つまり1次元では表現できないのである。

したがって、位置と運動量のような、2つの物理量で表さなければならない量子エンタングルメントも表せなくなってしまう。

それでも光子で説明して良い根拠は、多数光子の「光子流」にすると波になり、位相という概念が生まれ、その結果sin成分とcos成分が生まれるからである。かなり「堂々めぐり」のような気がするが、それが量子力学だと慣れてもらうしかない。

光子が「ある」か「ない」か

ちなみに、2分の1スピンの量子情報の場合は、アップスピンとダウンスピンのように、1つの物理量（スピン）で2つの値を考えれば十分であるように、光子の場合においては、原理的には光子の「ある」「ない」で2値を表現し、量子情報もその重ね合わせで表現できる。ただ、実験上の容易さから、ザイリンガーの実験のように、光子の偏光で量子ビットを表すことが普通である。

いずれにしても、量子は波と粒子の両方の性質を持つため、同じことを粒子的な側面からも波動的な側面からも説明できるが、完全にどちらか片方のみで考えてしまうと非常に危険であり、応用範囲も狭まってしまう。

以上のように、多数の光子ペアの集合であるスクイーズド光2つを、位相を4分の1波長だけずらしてハーフビームスプリッターで重ね合わせると、量子エンタングルした波束A、Bを得ることができる。また、この状態は、2分の1スピンでの図2−9のタイプの量子エンタングルメント（↑↑−↓↓）に相当する。この対応については2−1節の最後の部分で述べた。

3・3〉 入力波束とエンタングルの片割れ量子Aの相互作用——ベル測定

入力波束と波束Aを重ね合わせる

次のステップでは、入力波束と波束Aを相互作用させる。これは1－3節では、「送りたい状態にある量子と非常に大きなノイズを合わせる」と説明した。また、1－6節では、「入力量子とエンタングルした量子対のうちアリス側にある量子Aを衝突させる」と説明した。

これらを光を用いた方法で実現するためには、2分の1スピンの量子テレポーテーションを光子の偏光により実現したザイリンガーの実験同様、図3－7や図3－8のように、ハーフビームスプリッターを用いて入力波束と波束Aを重ね合わせればよい。

図3－7や図3－8では、波束Aは、光子1ペアのみ代表して描いているが、実際は多数の光子ペアである。したがって、前述したように、これを単独で測定すると大きなノイズとなっている。そのため、1－3節での説明と同様、送りたい状態にある量子（入力波束）と非常に大きなノイズ（波束A）を合わせていることになる。

また、ハーフビームスプリッターで2つの波束を重ね合わせると干渉が起き、それぞれのsin成分とcos成分が2つの出力波束において強め合ったり弱め合ったりするから、まるで粒子が衝突し、作用反作用によりお互いの位置と運動量の値をやり取りするようにも解釈できる。これが1－6節での説明の拠（よ）り所である。

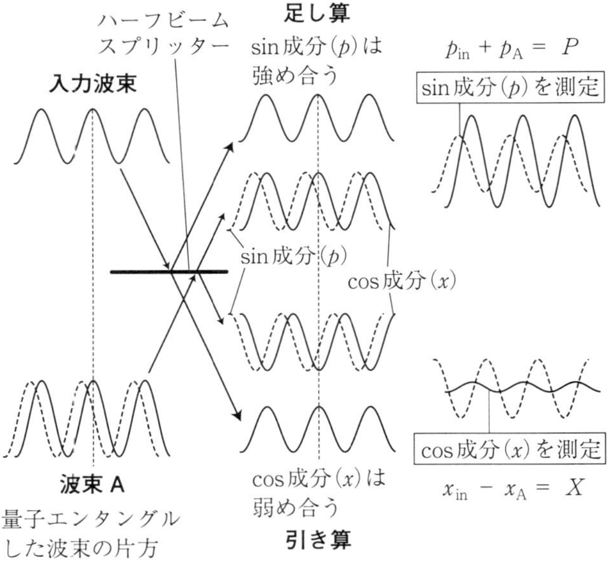

図3-7　量子テレポーテーションしたい入力波束と量子エンタングルした波束の片方である波束Aをハーフビームスプリッターを用いて重ね合わせる（相互作用させる）。干渉の結果、両方の情報が混ざり合う。この例では、入力波束がcos成分しか持たないためcos成分のみ干渉しているが、入力波束の位相によっては、sin成分でも干渉が起き、強め合ったり弱め合ったりする（図3−8）。また、波束Aは図3−6と同じように光子1ペアのみ代表して描いているが、実際は多数ペアある。

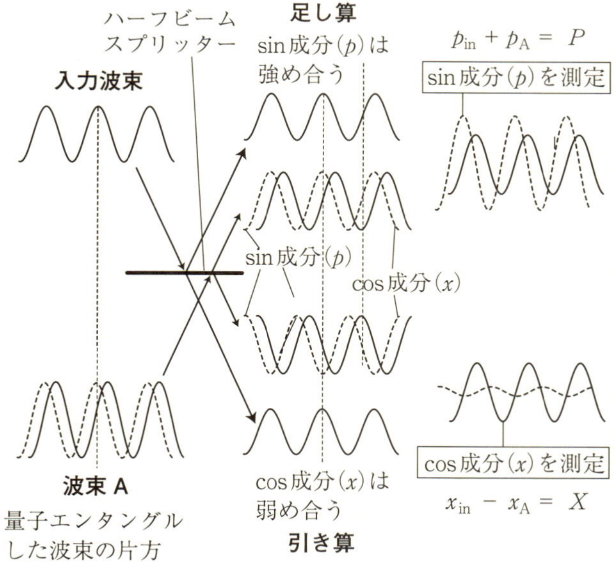

図3-8　図3−7と同様に、入力波束と波束Aをハーフビームスプリッターを用いて重ね合わせる。この例では、入力波束がsin成分のみとなっている。

位相敏感測定

さらに、1−3節では、「アリスはノイズと合わせた後で位置と運動量を測定する」と説明した。また、1−6節では、「アリスは衝突させた後で、入力量子の位置と、量子Aの運動量を測定する」と説明した。

光を用いた実験では、図3−7や図3−8のように、ハーフビームスプリッター通過後の2つの波束で、それぞれcos成分とsin成分の振幅を測定することにより達成される。ここで、cos成分やsin成分のみを測定することを「位相敏感測定」と呼ぶ。読んで字のごとく、1つの位相成分のみを取りだして測定するということである。

このような位相敏感測定の1つにホモダイン測定と呼ばれるものがあり、光の分野では広く行われている。この測定は、測定したい光と、同じ波長の強い光（ローカルオシレーター光と呼ばれる）をハーフビームスプリッターで合わせ、ハーフビームスプリッター通過後の2つの光強度をそれぞれ測定しその差を取ることにより達成できる。

もう少し原理を言うと、測定したい位相成分（cos成分やsin成分）のみを、ローカルオシレーター光との干渉により増幅していることになる（詳しくは拙著『量子光学と量子情報科学』を参照されたい）。

ただ、ホモダイン測定は、もともとはラジオの受信（検波）で使われていた方法であり、それを光の領域に応用したに過ぎない。したがって、原理はアマチュア無線の知識があれば、簡単に理解できると思う。光はそもそも電磁波であり、その周波数が10^{15}ヘルツ程度と高くなっただけであるから、技術の進歩と共に、10^7ヘルツの電磁波を用いたラジオで行われていたことが、光で行われるようになっても不思議ではない。

唯一の違いは、光子のエネルギー＝プランクの定数h×周波数νであることを考えたとき、ラジオ波の光子のエネルギーは非常に小さく温度のゆらぎ以下であるのに対し、光の光子のエネルギーは数万度以上に相当するため、我々の生活している世界でも十分観測可能なことである。このため光の光子はノイズとして観測されることになる。

アリスからボブへ

話が逸れてしまったので、入力波束と波束Aの相互作用に話を戻す。アリスはノイズと入力波束を合わせた後で位置と運動量を測定するわけであるが、上の実験では、図3-7や図3-8のハーフビームスプリッター通過後の2つの光のcos成分とsin成分の振幅をそれぞれホモダイン測定することになる。ただし、この測定では波束Aのノイズが大きいため、入力波束の情報（sin成分・cos成分の振幅、つまり、位置と運動量の情報）について、アリスは何も得るものはない。

この辺りの様子は、1-3節や1-6節で説明したとおりである。それでも、相互作用により入力波束の情報は波束Aに「乗り移り」、アリス側での測定と量子エンタングルメントの性質により、次に述べるようにボブ側に「乗り移っている」。

2-2節で述べたように、この測定は2分の1スピンの量子テレポーテーションではベル測定と呼ばれ、入力量子と量子Aを強制的に量子エンタングルさせる測定である。ベル測定についてもう少し詳しく言うと、図2−13に示したように、量子エンタングルした4つの状態（↑↑+↓↓、↑↑−↓↓、↑↓+↓↑、↑↓−↓↑）のうち、どれであるかを明らかにする測定であった。波束の量子エンタングルした状態は、1−5節で説明したように、式（1.2）、つまり、

$$\begin{aligned} x_{\mathrm{A}} - x_{\mathrm{B}} &= X \\ p_{\mathrm{A}} + p_{\mathrm{B}} &= P \end{aligned} \qquad (3.3)$$

を満たす。これも1−5節で説明したように、波束AとBの量子エンタングルメントの条件である式（3.2）は、この式の特別な場合（$X = P = 0$）である。

無限個ある波束のエンタングルした状態

ここで、図3−7あるいは図3−8の場合、後で述べるように、入力波束と波束Aをハーフビームスプリッターで相互作用させ、$x_{\mathrm{in}} - x_{\mathrm{A}}$と$p_{\mathrm{in}} + p_{\mathrm{A}}$を測定し、その測定値としてそれぞれ$X$とPを得ることになるから、

$$\begin{aligned} x_{\mathrm{in}} - x_{\mathrm{A}} &= X \\ p_{\mathrm{in}} + p_{\mathrm{A}} &= P \end{aligned} \qquad (3.4)$$

ということになる。したがって、2分の1スピンの場合と同様、入力波束と波束Aを強制的に量子エンタングルさせていることになる。

さらに言うと、測定値X、Pの値が違うと、異なった量

子エンタングルド状態になるから、この測定では、入力波束と波束Aが、どのような量子エンタングルド状態であるか明らかにしていると言える。つまり、これも2分の1スピンの場合と同様である。

ただ、1つだけ波束の場合と2分の1スピンの場合で違うのは、2分の1スピンの場合は、量子エンタングルした状態として↑↑+↓↓、↑↑−↓↓、↑↓+↓↑、↑↓−↓↑の4つしかなかったが、波束の場合はX、Pとして何でも許されるので、無限個あるということである。この部分が、波束の場合を難しくしている所以（ゆえん）である。それ以外は2分の1スピンの場合と全く同じである。

スピンと波束は同じもの?!

もう少し説明を続ける。

図2−12の「式変形」に倣（なら）って、図3−7あるいは図3−8のハーフビームスプリッターでの相互作用による「式変形」を、図3−9に示す。

ちなみに、波束の量子テレポーテーションが、図3−9のような「式変形」であることが明らかになったのは、波束の量子テレポーテーション実験が成功してしばらくしてからである。つまり、2分の1スピンの量子テレポーテーションと波束の量子テレポーテーションは、全くの別物であると当初は考えられていた。後に、それらは単に「数の違い」（次元の違い）であることが明らかになった。最近では、それらを統合する方向に進みつつある（筆者がその「旗振り役」である）。

相互作用前

入力波束の状態　　　　　　　　　量子エンタングルした波束 A、B

$$W(x_{in}, p_{in}) \times \underset{\text{の重ね合わせ}}{\text{あらゆる } x\text{、}p} (x_A - x_B = 0, p_A + p_B = 0)$$

相互作用後

$$= (x_{in} - x_A = X_1, p_{in} + p_A = P_1) \times \widetilde{W}_{X_1 P_1}(x_B, p_B)$$

$$+ (x_{in} - x_A = X_2, p_{in} + p_A = P_2) \times \widetilde{W}_{X_2 P_2}(x_B, p_B)$$

$$+ (x_{in} - x_A = X_3, p_{in} + p_A = P_3) \times \widetilde{W}_{X_3 P_3}(x_B, p_B)$$

$$+ (x_{in} - x_A = X_4, p_{in} + p_A = P_4) \times \widetilde{W}_{X_4 P_4}(x_B, p_B)$$

⋮ X、P はどんな数でも良い（無限個ある）

$$= \underset{\text{の重ね合わせ}}{\text{あらゆる } X\text{、}P} (x_{in} - x_A = X, p_{in} + p_A = P) \times \widetilde{W}_{XP}(x_B, p_B)$$

図3-9　量子テレポーテーションしたい入力波束と量子エンタングルした波束の片方である波束Aをハーフビームスプリッターを用いて重ね合わせた（相互作用させた）場合の「式変形」。ここで、$W(x_{in}, p_{in})$ は入力波束の状態を、$\widetilde{W}(x_B, p_B)$ は相互作用後（「式変形」後）量子Bに現れた入力波束の状態を、$\widetilde{W}_{XP}(x, p)$ は、$W(x, p)$ が、位置がX、運動量がPだけずれた状態を表している。もちろん、XとPについての測定はしていないから、これらの値はどんな値でも良く、$X_1, X_2, X_3, X_4,$ …、$P_1, P_2, P_3, P_4,$ …と書いている。また、これらをまとめて、式(3.6)と同様、「あらゆるX、Pの重ね合わせ」と表現している。もちろん、これは、あらゆるX、Pの場合の等しい確率での重ね合わせの状態を表す。

入力波束と波束Aはエンタングルさせられる

まず、アリスとボブが共有しているエンタングルした波束AとBは、この節の少し前で述べたように、

$$\begin{aligned} x_{\mathrm{A}} - x_{\mathrm{B}} &= 0 \\ p_{\mathrm{A}} + p_{\mathrm{B}} &= 0 \end{aligned} \qquad (3.5)$$

を満たしていなければならない。もう少し詳しく言うと、x_{A}、x_{B}、p_{A}、p_{B}の値は何でも良いが、必ずこの式を満たす。

さらに言うと、エンタングルした波束AとBは、これらのあらゆる値の重ね合わせになっている。このことを図3−9では、

$$\underset{\text{の重ね合わせ}}{\text{あらゆる}x,\ p}\ (x_{\mathrm{A}} - x_{\mathrm{B}} = 0,\ p_{\mathrm{A}} + p_{\mathrm{B}} = 0) \qquad (3.6)$$

と書いている。

次に、図2−12（図3−10として再掲）と同様、元々の波束A、Bの間での量子エンタングルメントが、以下で説明するように、入力波束と波束Aの間の量子エンタングルメントの重ね合わせに「式変形」される。さらに、入力波束の情報$\widetilde{W}_{XP}(x_{\mathrm{B}}, p_{\mathrm{B}})$が「式変形」後の波束Bに現れている（乗り移っている）のも図3−10と同じである。もちろん、完全には移っていないことも同様であるので、アリス側での測定の前後でボブが測定をしてもその結果は変わらない（全くランダムである）。

相互作用前

$$\left(a\overset{\text{入力}}{\uparrow}+b\overset{\text{入力}}{\downarrow}\right)\left(\overset{\text{A}}{\uparrow}\,\overset{\text{B}}{\uparrow}+\overset{\text{A}}{\downarrow}\,\overset{\text{B}}{\downarrow}\right)$$

相互作用後

$$
\begin{aligned}
&=\left(\overset{\text{入力}}{\uparrow}\,\overset{\text{A}}{\uparrow}+\overset{\text{入力}}{\downarrow}\,\overset{\text{A}}{\downarrow}\right)\left(a\overset{\text{B}}{\uparrow}+b\overset{\text{B}}{\downarrow}\right)\\
&+\left(\overset{\text{入力}}{\uparrow}\,\overset{\text{A}}{\uparrow}-\overset{\text{入力}}{\downarrow}\,\overset{\text{A}}{\downarrow}\right)\left(a\overset{\text{B}}{\uparrow}-b\overset{\text{B}}{\downarrow}\right)\\
&+\left(\overset{\text{入力}}{\uparrow}\,\overset{\text{A}}{\downarrow}+\overset{\text{入力}}{\downarrow}\,\overset{\text{A}}{\uparrow}\right)\left(a\overset{\text{B}}{\downarrow}+b\overset{\text{B}}{\uparrow}\right)\\
&+\left(\overset{\text{入力}}{\uparrow}\,\overset{\text{A}}{\downarrow}-\overset{\text{入力}}{\downarrow}\,\overset{\text{A}}{\uparrow}\right)\left(a\overset{\text{B}}{\downarrow}-b\overset{\text{B}}{\uparrow}\right)
\end{aligned}
$$

図3-10　2分の1スピンの量子テレポーテーションにおいて、入力量子と量子Aを相互作用させる。これは、「式変形」でもある。詳しくは付録A参照。

図3−7あるいは図3−8の過程では、ハーフビームスプリッターで干渉が起こるため、測定で得られるものは、入力波束と波束Aのsin成分の振幅の和とcos成分の振幅の差となる。これは、入力波束（in）と波束Aの運動量の和（$p_{\text{in}}+p_{\text{A}}$）と位置の差（$x_{\text{in}}-x_{\text{A}}$）に相当している。

何度も言うように、これは（ハーフ）ビームスプリッターの性質で、反射する光の1つだけ位相が反転する（プラスとマイナスが入れ替わる）ので、図3−7の例では、波束Aの反射だけ位相が反転している。そのため、cos成分を測定する側では、cos成分は弱め合う干渉をしている。したがって、これはcos成分同士の引き算をしていることに相当し、この光のcos成分をホモダイン測定すれば、位置の差（$x_{\mathrm{in}}-x_{\mathrm{A}}$）を測定していることになる。

また、この図3－7の例では、入力波束のsin成分はない（cos成分のみ）から、sin成分同士での干渉は起きないため、もう片方のビームスプリッター通過後の光は波束Aがそのまま（半分だけ）出てくることになる。つまり、$p_{\mathrm{in}}=0$であり、この光のsin成分をホモダイン測定すれば、運動量の和（$p_{\mathrm{in}}+p_{\mathrm{A}}=P$：実際には$p_{\mathrm{A}}$のみ）を測定していることになる。

同様に、図3－8のように、入力波束がsin成分のみであれば、sin成分を測定する側では、入力波束と波束Aのsin成分は干渉により強め合い、その結果、sin成分のホモダイン測定をすれば「ちゃんと」運動量の和（$p_{\mathrm{in}}+p_{\mathrm{A}}$）を測定することになる。もちろん、このとき、もう片側のcos成分のホモダイン測定をすれば、$x_{\mathrm{in}}=0$ではあるが、「ちゃんと」位置の差（$x_{\mathrm{in}}-x_{\mathrm{A}}=X$：実際には$x_{\mathrm{A}}$のみ）を測定したことになる。

したがって、入力波束がどのような位相を持つ場合でも、この測定では、位置の差（$x_{\mathrm{in}}-x_{\mathrm{A}}$）と運動量の和（$p_{\mathrm{in}}+p_{\mathrm{A}}$）を測定することができる。

以上から、少し前で述べたとおり、図3－7あるいは図3－8の測定により、位置の差（$x_{\mathrm{in}}-x_{\mathrm{A}}$）と運動量の和（$p_{\mathrm{in}}+p_{\mathrm{A}}$）が決まり、それぞれ$X$と$P$だったとすると、入力波束と波束Aの位置と運動量の間には、

$$\begin{aligned} x_{\mathrm{in}}-x_{\mathrm{A}}&=X \\ p_{\mathrm{in}}+p_{\mathrm{A}}&=P \end{aligned} \qquad (3.7)$$

の関係ができたことになる。

これは、少し前で述べたように、入力波束と量子Aが量子エンタングルしている（させられている）ということを示している。また、これも前に述べたように、X、Pの値自身はあらゆる場合があるから（X_1, X_2, X_3, X_4,…、P_1, P_2, P_3, P_4,…)、量子エンタングルした状態と言っても、どの量子とエンタングルした状態かは測定してみないとわからない。

何も送らなくても入力波束の情報は伝わる?!

重要なことなので何度も言うが、入力波束と波束Aでの図3−7あるいは図3−8の測定は、入力波束と波束Aの間で量子エンタングルメントを生成する測定であり、2分の1スピンにおけるベル測定に相当している。この本では、2分の1スピンの場合だけでなく、位置と運動量の場合も、このような測定をベル測定と呼ぶことにする。つまり、元々エンタングルしていない量子をエンタングルさせる測定をベル測定と呼ぶことにする。

さらに、2分の1スピンにおけるベル測定前の「式変形」は、図2−12（図3−10として再掲）であり、式変形の結果、つまり相互作用した後の形は、エンタングルした4つの状態↑↑+↓↓、↑↑−↓↓、↑↓+↓↑、↑↓−↓↑（2分の1スピンが2つあるだけなので、2×2＝4で4つですべてのエンタングルした状態を表している）と、送りたかった状態に近い状態（どのようにすれば送りたかった状態にできるかわかっている状態）との積の和になった。

これに対し、本節で説明している位置と運動量を用いたやり方でも、図3－9のように、「式変形」の結果（式変形だけで測定はしていないことに注意）、相互作用した後は、異なったX、Pを持つ（図3－9では$X_1, X_2, X_3, X_4, \cdots$、$P_1, P_2, P_3, P_4, \cdots$としている）入力波束と波束Aの間の量子エンタングルド状態と、送りたかった（入力波束の）状態に近い状態$\widetilde{\mathrm{W}}_{XP}(x_{\mathrm{B}}, p_{\mathrm{B}})$との積の和になる。

言葉を換えれば、波束AとBの量子エンタングルメントにより、単に入力波束と波束Aを相互作用させるだけで、アリスからボブへ何も送らなくても、入力波束の情報の一部（2分の1スピンの場合ではa、bの値）が、ボブの手元に現れるのである（もちろん、何度も言うように、ベル測定だけでは情報の「ポテンシャル」が送られているだけで情報は送られていない）。不思議と言う他はない。

3・4〉　光の波束を用いた位置と運動量の量子テレポーテーションの仕上げ

量子テレポーテーションの最後の仕上げ

量子テレポーテーションの仕上げに話を移す。

ベル測定を行うと、重ね合わせの波束が収縮し、図3－9の「式変形」後のXとPはそれぞれ1つに定まる。つまり、図3－11に示したように、$X_1, X_2, X_3, X_4, \cdots$、$P_1, P_2, P_3, P_4, \cdots$のどれかに波束は収縮する。ただし、前に述べたように、この測定値の場合の数は無限個ある。また、この例では、測定値として、X_4、P_4を得たとしている。

ここで1つ注意がある（同じことを何度も述べてきたが）。それは、ボブの手元の状態を測定したとしても、ベ

$$(x_{\mathrm{in}}-x_{\mathrm{A}}=X_1, p_{\mathrm{in}}+p_{\mathrm{A}}=P_1)\times \widetilde{\mathrm{W}}_{X_1P_1}(x_{\mathrm{B}}, p_{\mathrm{B}})$$

$$+\ (x_{\mathrm{in}}-x_{\mathrm{A}}=X_2, p_{\mathrm{in}}+p_{\mathrm{A}}=P_2)\times \widetilde{\mathrm{W}}_{X_2P_2}(x_{\mathrm{B}}, p_{\mathrm{B}})$$

$$+\ (x_{\mathrm{in}}-x_{\mathrm{A}}=X_3, p_{\mathrm{in}}+p_{\mathrm{A}}=P_3)\times \widetilde{\mathrm{W}}_{X_3P_3}(x_{\mathrm{B}}, p_{\mathrm{B}})$$

$$+\ \boxed{(x_{\mathrm{in}}-x_{\mathrm{A}}=X_4, p_{\mathrm{in}}+p_{\mathrm{A}}=P_4)\times \widetilde{\mathrm{W}}_{X_4P_4}(x_{\mathrm{B}}, p_{\mathrm{B}})}$$

⋮ X、P はどんな数でも良い（無限個ある）

⇩ アリスでの測定により X_4、P_4 であることがわかる

$$\widetilde{\mathrm{W}}_{X_4P_4}(x_{\mathrm{B}}, p_{\mathrm{B}})$$

入力波束から X_4、P_4 だけずれた状態

⇩ アリスから X_4、P_4 を聞き、ボブはその分、状態をずらす

$$\mathrm{W}(x_{\mathrm{B}}, p_{\mathrm{B}})$$

入力波束と同じ状態

量子テレポーテーションの完了

図3-11　ベル測定によりXとPが確定し（重ね合わせは解け）、$\widetilde{\mathrm{W}}(x, p)$は、入力波束の状態からある特定の位置$X$、運動量$P$だけずれた状態となる（この例では、$X_4$、$P_4$）。さらに、ボブはアリス側でのベル測定の結果$X$、$P$を聞き、波束Bの状態の位置を$X$、運動量を$P$だけ変化させ、入力波束の状態を再現する。

ル測定の前後で、その結果に何ら変化はないことである。もちろん、ベル測定の前は、ボブの手元にあるのは波束Bであり、それは単なるノイズである。したがって、ベル測定前は、ボブのところで位置（cos成分、x）、運動量（sin成分、p）を測定しても、あらゆる値が等しい確率で得られることになる。

図3－11の例では、ベル測定後、ボブの手元の状態は$\widetilde{W}_{X_4P_4}(x_B, p_B)$となるが、これは入力波束の最初の状態であるW$(x_B, p_B)$が$X_4$、$P_4$の分だけずれた状態である。この段階では、ボブは$X_4$、$P_4$の値は知らず、位置（cos成分、$x$）や運動量（sin成分、$p$）を測定しても、あらゆる値の場合が等しく含まれており、ベル測定前と状況は全く変わらない。

量子テレポーテーションの最後の仕上げとして、ボブはアリスからベル測定の結果であるX、Pをもらう（図3－11の例ではX_4、P_4）。それを用いて、図1－26で示したように、ボブの手元の状態の位置（cos成分、x）をXだけ、運動量（sin成分、p）をPだけ変化させる。その結果、送りたかった入力波束の状態がボブの手元に現れる。つまり、量子テレポーテーションの完了である。

量子エンタングルした波束Aと波束Bはノイズ

最後の部分は、別の言い方もできる。1－3節で述べたように、最後にボブ側で入力波束を再現する行為は、ボブがアリスと共有しているノイズを用いて、アリスからのノイズだらけの測定結果からノイズだけを消し去る行為、と言うこともできる。

何度も述べたように、量子エンタングルした波束AとBは、それ単独で測定すると単なるノイズである。アリスのベル測定の結果、アリスはその大きなノイズを測定結果に含むことになる。もう少し詳しく言うと、そのノイズが大きすぎて、アリスが入力波束の情報を一切得ることができないことが、量子テレポーテーションの「肝」であった。ボブ側では、このノイズを量子エンタングルメントを用いて消し去っていると言うこともできる。

3・5〉 筆者の行った光の波束を用いた位置と運動量の量子テレポーテーション実験

実験の成功

筆者は、前節で述べた光を用いた位置と運動量の量子テレポーテーションを、1998年カリフォルニア工科大学（Caltech、カルテク）において実現した（図3－12）。これは前節で説明したことを忠実に再現している。

まず、図3－6のように、2つのスクイーズド光を4分の1波長分だけ位相をずらしてハーフビームスプリッターで重ね合わせ、量子エンタングルした波束AとBを生成する。そして、波束Aをアリスに、波束Bをボブに送る。

アリスは自分のところに来ている波束Aと入力波束をハーフビームスプリッターで重ね合わせ、cos成分とsin成分を測定する（ホモダイン測定）。さらに、その測定結果をボブに電気信号として送る。ただし、この電気信号は、波束Aのノイズが大きすぎて、ノイズだらけとなっている。

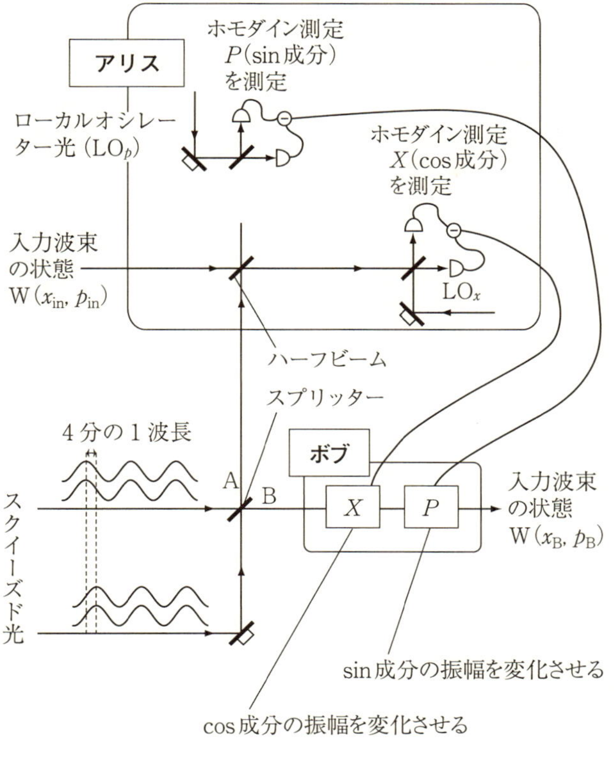

図3-12　筆者の行った光を用いた位置と運動量の量子テレポーテーション実験配置図。

図3-13　東京大学で筆者らの行っている量子テレポーテーション実験装置　とてもごちゃごちゃしていて、説明することはできない。しかし、無駄なものは一つも置いていない。

ボブは、アリスからの電気信号を光の信号に変え（このことを光の変調と呼ぶ）、波束Bと干渉させる。その結果、ノイズの部分が干渉により消し合い、入力波束に相当する成分のみが残る。これで量子テレポーテーションの完了である。つまり、1−3節の図1−8から図1−10までのイメージで実験を行っていると言える。もちろん、前節に詳しく述べたことを実際に行っているのである。

筆者らは、さらに東京大学において、性能を上げた量子テレポーテーション装置を作っている。1998年にカルテクで成功した量子テレポーテーション実験は、まだ不完全でノイズが大きく、量子テレポーテーションを繰り返すことが不可能だった。次章でも述べるように、量子テレポーテーションは最も簡単な量子コンピューターと考えることができ、量子テレポーテーションを複数回繰り返すことを可能にすることが、複雑な量子コンピューターを作ることへの第一歩になる。

この章を終えるに当たって、筆者らが行っている量子テレポーテーション実験装置の写真を図3－13に示す。これも概念としては図3－12と全く同じであるが、量子光学の粋を尽くしているため、とてもここで説明することはできない。興味がある人は、是非東大の筆者の研究室のメンバーになることを勧める。毎日「どっぷりと」この手の実験装置に囲まれて、幸せな気分に浸れること請け合いである。

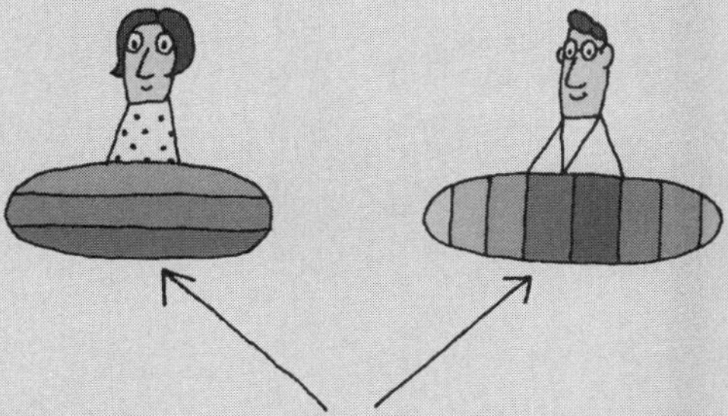

第 4 章

量子テレポーテーションの応用

|4・1〉 量子コンピューターとしての量子テレポーテーション

量子コンピューターとは

ここまで量子テレポーテーションに関して詳しく解説してきた。この章では、量子テレポーテーションの応用について述べる。

1−1節でも触れたように、量子テレポーテーションは最も簡単な量子コンピューターである。量子テレポーテーションを量子コンピューターとして考えた場合の「回路図」を図4−1に示す。細かいことは、この本の範囲を超えるので述べないが、大まかに言って、この量子コンピューターは3つの部分から成り立っていることがわかる。

1つは、アリスとボブが持つ「量子エンタングルメント」の部分、もう1つは、アリスの持つエンタングルした量子対の片割れと入力をエンタングルさせる「ベル測定」の部分、残りの1つは、アリスの測定結果を聞いて、ボブが入力（の状態）を再現する「変位操作」の部分である。これらについては、前章までで詳しく説明してきたつもりである。

ちょっと話は飛ぶが、量子コンピューターというものは、大ざっぱに書くと図4−2のように描ける。つまり、入力$|\psi\rangle$（問題）が出力$|\varphi\rangle$（結果）になって（計算されて）、出てくるものである。数学的に書けば、$|\varphi\rangle = U|\psi\rangle$ということになる。

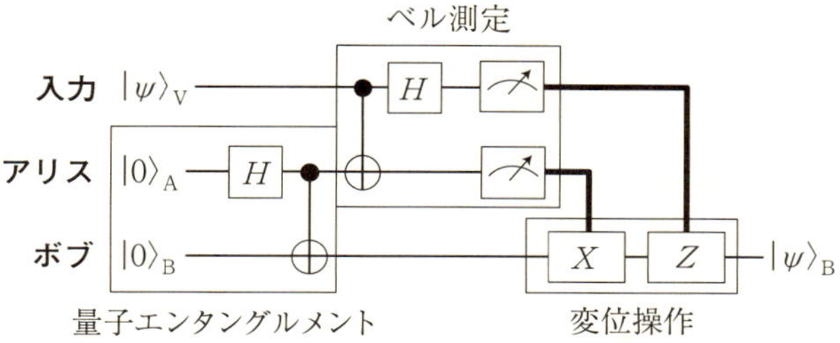

図4-1　量子テレポーテーションの量子コンピューターとしての「回路図」。入力$|\psi\rangle$が、アリスとボブの入力$|0\rangle$からつくられた量子エンタングルメントの片割れと、ベル測定によりエンタングルさせられる。アリス側でのベル測定の結果がボブに送られ、ボブはそれに基づいて変位操作を行う。入力と出力のみを見た場合、$|\psi\rangle \rightarrow |\psi\rangle$の恒等変換（1を掛ける）になっている。

量子テレポーテーションの「回路図」も、図4−3のように描くことができるから、入力と出力が等しい（恒等演算の）量子コンピューターであると言える。早い話、Uが1のときの量子コンピューターである。

さらに、量子テレポーテーションの「回路」は、全体を覆った四角の内部の一部を変えると、その変更に基づいて出力を変えることができる。つまり、$U=1$でないUを実現できるようになる。この変更をプログラム（ソフトウエア）と考えれば、正に「コンピューター」となっていることがわかる。量子テレポーテーションが最も簡単で基本的な量子コンピューターと言われる所以である。

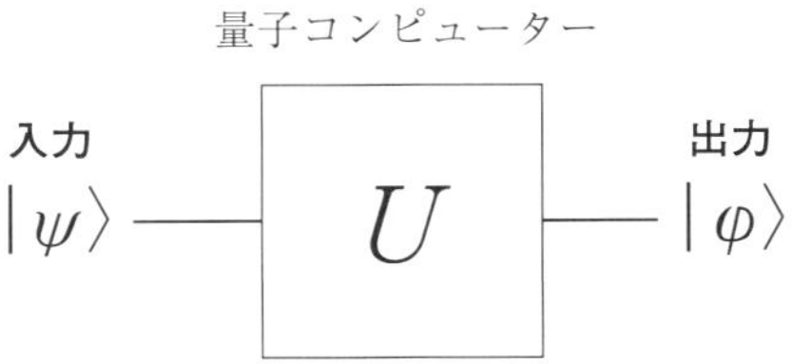

数学的に書くと

$$|\varphi\rangle = U\,|\psi\rangle$$

図4-2　量子コンピューターの概念図　一見すると従来のコンピューターと変わらないが、入出力が量子状態（$|\psi\rangle$、$|\varphi\rangle$）となっていることに注意が必要である。また、量子コンピューターUの箱の中で量子エンタングルメントが生成されなければならない。

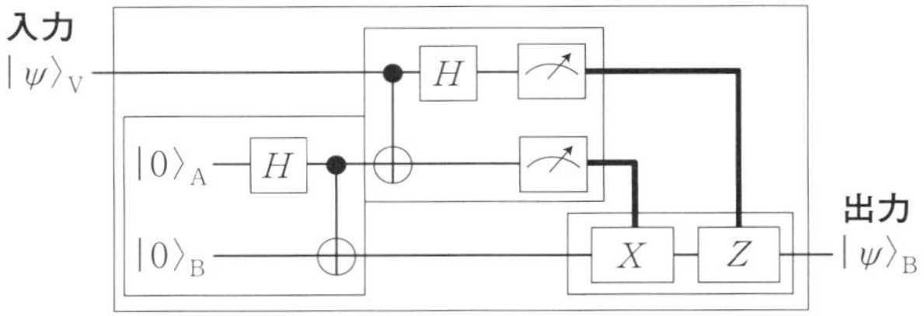

図4-3　入力と出力のみに注目した量子テレポーテーションの「回路図」。

量子の数と繰り返し回数

もちろん、量子テレポーテーション装置1個では、複雑な計算はできない。複雑な計算をするためには、多数の量子テレポーテーション装置を複雑に組み合わせる必要がある。

この複雑さの「方向」には2通りある。

1つは、何桁の数が扱えるかということに相当する、「どれだけの量子をエンタングルして使うことができるか」である。もう1つは、どれだけ繰り返して演算できるか（掛け算であれば、2×3×5×7×…のように、何個の数を掛け合わせることができるか）に相当する、「何回連続して量子テレポーテーションが可能であるか」である。

2つの方向とも重要であるが、ここでは、「どれだけの量子をエンタングルして使うことができるか」の現状についてのみ述べる。理由は、「何回連続して量子テレポーテーションが可能であるか」に比べ、「どれだけの量子をエンタングルして使うことができるか」の方が、現時点では遥かに研究が進んでいるからである。

4・2〉 多者間量子エンタングルメントとその応用

多者間量子エンタングルメント

ここまでの話では、量子（情報）をアリスからボブへ送る（テレポートする）ために、アリスとボブで**2者間**の量子エンタングルメント（エンタングルした2つの量子）を共有した。しかし、複雑な計算を行うためには（桁数の大きい計算を行うためには）、もっと多数のエンタングルした量子が必要となる。

ここで、このような量子エンタングルメントを**多者間量子エンタングルメント**と呼ぶ。多者間量子エンタングルメントは、今まで話してきた2者間の量子エンタングルメントとは本質的に異なる。図4－4に、2者間量子エンタングルメントと最小の多者間量子エンタングルメントである3者間量子エンタングルメントを示す。

2者間量子エンタングルメントには、エンタングルしているかしていないかの2種類しかない。しかし、3者間量子エンタングルメントには多数のタイプがある（図4－4には代表的な3つを載せておく）。3者間量子エンタングルメントの代表的なタイプの一つに、図4－4（a）に示した直線状の3者間量子エンタングルメントがある。このタイプでは、隣同士の量子がそれぞれ2者間でエンタングルしている。したがって、ある意味、2者間の量子エンタングルメントの延長である。

同じ3者間量子エンタングルメントのタイプに属するものが、図4－4（b）に示した環状の3者間量子エンタングルメントである。ただし、この場合、どの量子も必ず2つの量子とエンタングルしていることが、直線状の場合と異なる（直線状の場合、量子AとCは直接エンタングルしていない）。

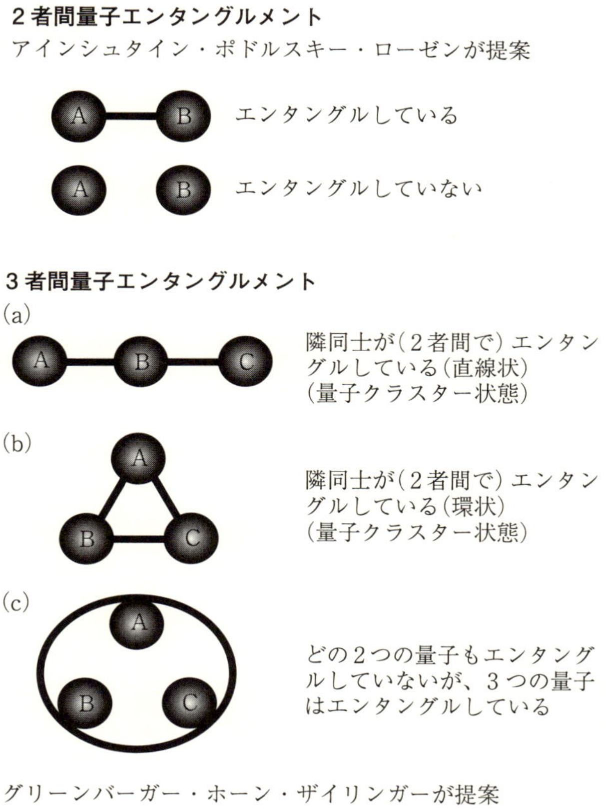

図4-4　2者間量子エンタングルメントと3者間量子エンタングルメント。2者間量子エンタングルメントと3者間量子エンタングルメントは本質的に異なる。

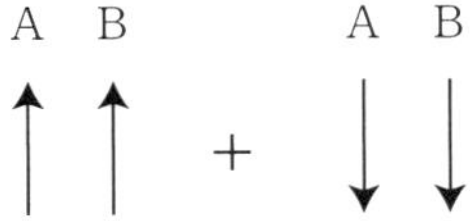

図4-5　2分の1スピンの場合の2者間量子エンタングルメント（EPR状態）。図2－5の再掲である。

GHZ vs. EPR

3者間量子エンタングルメントの中で、2者間量子エンタングルメントとは全く異なるタイプのものが、「どの2つの量子もエンタングルしていないが、3つの量子はエンタングルしている」場合である（図4－4（c））。このタイプの量子エンタングルド状態は、提案者の名前を取って、グリーンバーガー・ホーン・ザイリンガー（GHZ）状態と呼ばれている。もちろん、2者間の場合が、提案者の名前を取って、アインシュタイン・ポドルスキー・ローゼン（EPR）状態と呼ばれることに対応している。

GHZ状態は、極めて不思議な状態である。何故なら、3つの量子の中からどの2つの量子を選んでも（例えば量子AとB、量子BとCなど）、それらがエンタングルしていることはないのに、3つの量子A、B、Cではエンタングルしているのである。

2者間量子エンタングルメント（EPR状態）の図2－5（図4－5として再掲）に倣って、2分の1スピンでのGHZ

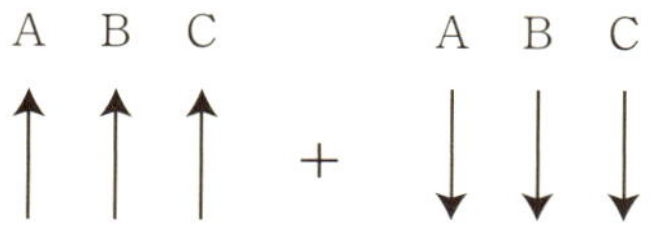

図4-6　2分の1スピンの場合のGHZ状態。

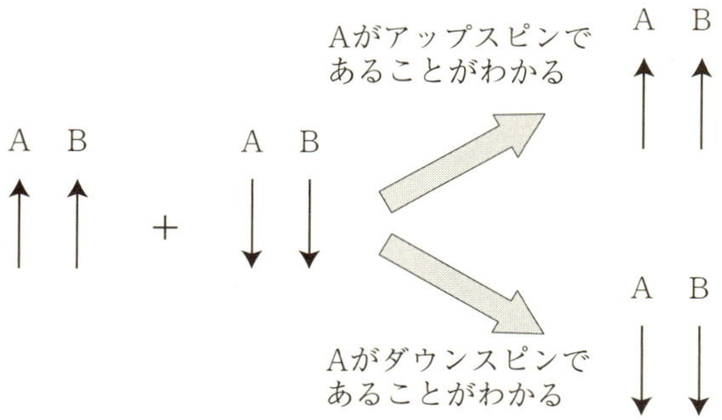

図4-7　図4−5の状態で量子Aのスピンの向きを明らかにする。

状態を表すと図4−6のようになる。

このとき、GHZ状態の性質を明らかにするために、量子Aのスピンの向きを測定してみよう。

EPR状態では、図2−6（図4−7として再掲）のように、量子Aのスピンの向きが明らかになれば、量子Bのスピンの向きは自動的に決まる。この様子は、図4−8に示すように、GHZ状態でも同じである。つまり、量子Aがアップスピンであることがわかれば、量子BとCは両方と

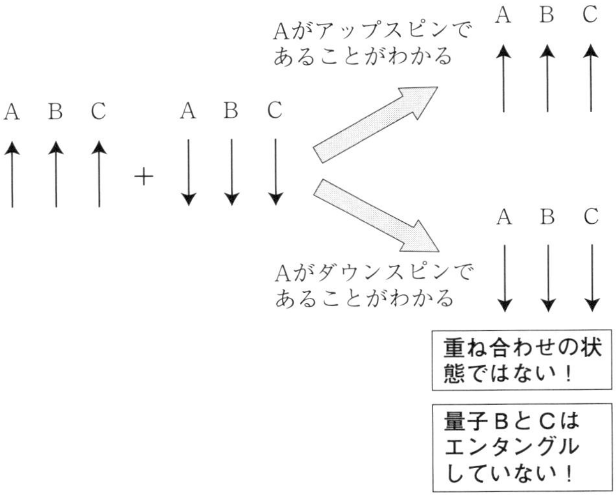

図4-8　2分の1スピンのGHZ状態で量子Aのスピンの向きを明らかにする。

も自動的にアップスピンであることがわかり、量子Aがダウンスピンであれば、量子BとCは両方とも自動的にダウンスピンであることがわかる。

GHZ状態での2つの量子の間の量子エンタングルメント

しかし、これを別の見方で捉えると、量子Aを測定した後の状態は、量子BとCの状態はアップスピンまたはダウンスピンに決まっている状態、つまり重ね合わせの状態でないため、量子BとCはエンタングルしていない。さらに、GHZ状態において、あえて量子Aと量子B、Cを2つ

$$\begin{array}{ccc}A & B & C\end{array} \qquad \begin{array}{ccc}A & B & C\end{array}$$
$$(\uparrow + \downarrow)\uparrow(\uparrow + \downarrow) + (\uparrow - \downarrow)\downarrow(\uparrow - \downarrow)$$

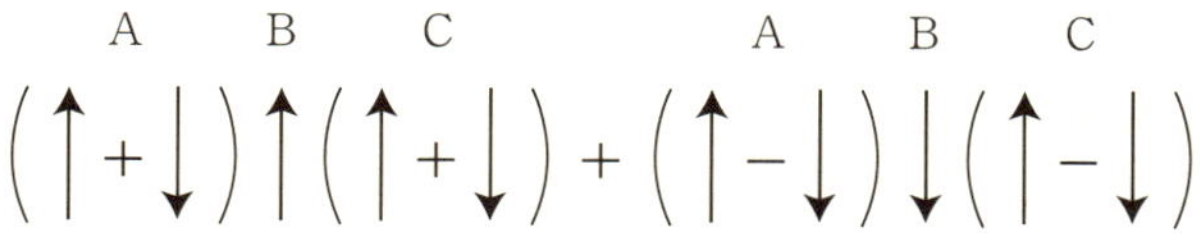

図4-9 2分の1スピンの直線状3者間量子エンタングルメント。

の別々のグループと見なすと、量子Aはアップスピンの場合とダウンスピンの場合があり、それらが等しい確率で起こり、それぞれの場合で、量子BとCはアップスピンまたはダウンスピンに決まっている状態にあり、エンタングルしていない状態にあるということになる。

つまり、GHZ状態のうち、量子Aだけ別に考え、量子BとCのみの状態を考えても、これらはエンタングルしていないことになる。これは他の2つの量子の組み合わせでも同じことが言えるから、GHZ状態では、2つの量子の間の量子エンタングルメントは存在していないことになる。

話はさらに複雑になるが、2分の1スピンでの直線状3者間量子エンタングルメントを図4-9に示す。

このような状態は量子クラスター状態とも呼ばれ、最近、量子コンピューター実現のための決定的状態と言われている。ただ、話が複雑になりすぎるので、説明はしない。興味のある読者は、大学に進学して筆者の研究室のメンバーになることを勧める。毎日この手のことを考えられてとても幸せになれると思う。

3者間量子エンタングルメントをつくる

悪のりしすぎて話が逸れてしまったので、もう少し現実に近い話をする。

筆者が、量子テレポーテーションの実験を行っていることは、ここまで何度も述べてきた。もちろん、そのためには光を用いて2者間の量子エンタングルド状態（EPR状態）をつくる必要があり、それをつくっていることも述べた。つまり、筆者は2者間の量子エンタングルメントをつくり、使っているということになる。

少し前で述べたように、複雑な計算をする量子コンピューターを実現するためには、多数の量子をエンタングルさせて使わなければならない。そのため、筆者らは光の波束を用いて3者間量子エンタングルメントの一つであるGHZ状態をつくり、それを使う例として、図4－10のような3者間の量子テレポーテーションネットワーク実験を行った。

ここで、3者間の量子テレポーテーションネットワークとは、図4－10のように、アリス、ボブ、クレアの3人でGHZ状態を共有し、3人のうちのどの2人の間でも量子テレポーテーションが可能なネットワークのことである。

量子テレポーテーションネットワーク実験では、まずGHZ状態をつくるが、それは図4－11のように、3つのスクイーズド光を2つのビームスプリッターで重ね合わせることによりつくることができる。

ここで、3－2節で説明したように、2者間の量子エンタングルメント、つまりEPR状態の場合は、2つのスクイー

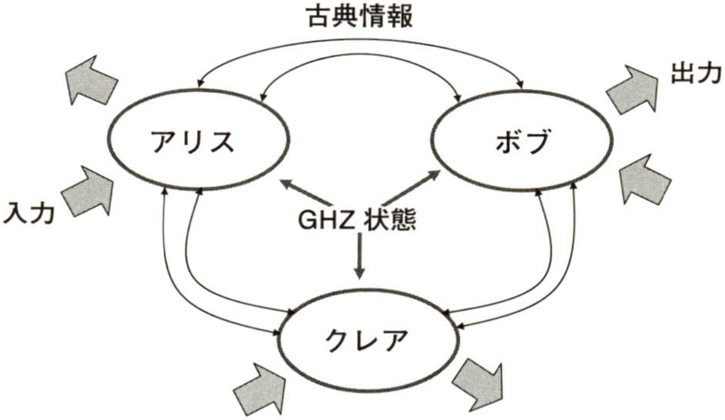

図4-10　量子テレポーテーションネットワーク概念図。

ズド光をハーフビームスプリッターで重ね合わせてつくれるから、GHZ状態も似たような方法でつくれると考えても、おかしな話ではないだろう。ただ、この様子を本当に理解するためには、かなり「ヘビーな」量子力学が必要なので、ここでは説明しない。詳細を理解したい読者は、何度も宣伝しているが、大学に入って量子力学をある程度やったあとに、拙著『量子光学と量子情報科学』を読んで欲しい。

3者の中で2者間量子テレポーテーションを実現する

量子テレポーテーションネットワーク実験では、GHZ状態を使ってネットワークの中の2人の間で量子テレポーテーションを行う。2者間の量子テレポーテーションでは、2者間の量子エンタングルメントを使ったが（EPR状

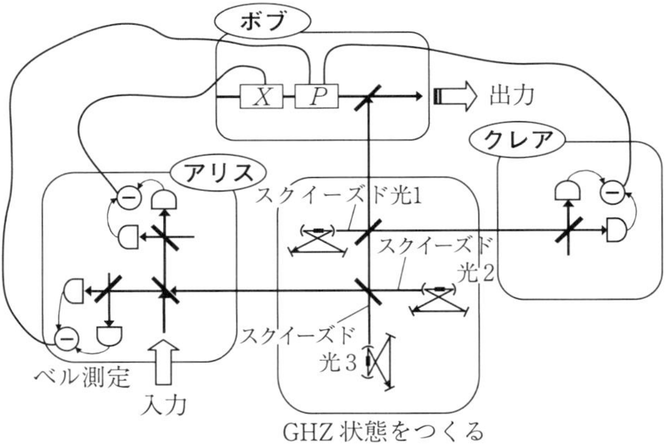

図4-11　量子テレポーテーションネットワーク実験配置図　ここではアリスからボブへの量子テレポーテーションをクレアの助けを用いて行う場合を示している。ただし、3人でGHZ状態を共有しているので、他の組み合わせ、つまりボブ・クレア間、クレア・アリス間でも量子テレポーテーションは可能である。

態)、3者間の量子テレポーテーションネットワークでは3者間の量子エンタングルメントであるGHZ状態を使うことになる。

その中でも特に、「3量子間でエンタングルしているが、どの2量子間でもエンタングルしていない」という性質を用いる（図4－4（c））。

例えば、図4－11のように、アリスからボブへの量子テレポーテーションを行う場合、クレアの助けが必要となる。これは、アリス、ボブ、クレアの3人はエンタングルしているが、アリス・ボブ間はエンタングルしていないからである。実際、クレアの助けを借りないと、つまり、クレアの測定結果をもらわないと、アリス・ボブ間の量子テレポーテーションは成功しない。

このことは、ネットワーク内の他の組み合わせにおける量子テレポーテーションでも、様子は同じである。つまり、量子テレポーテーションの送受信者以外に3人目の助けが必要となるのである。

GHZ状態はお安いネットワーク

量子テレポーテーションに比べ、量子テレポーテーションネットワークの利点は、必要とされる量子エンタングルメントの量が少ないことである。仮に、2者間の量子エンタングルメント（EPR状態）だけで、3者間量子テレポーテーションネットワークを組もうとすると、図4－12のように、EPR状態を3つ必要とする。EPR状態1つに2つのスクイーズド光が必要となるから、2×3＝6で、6つのスクイーズド光が必要になる。

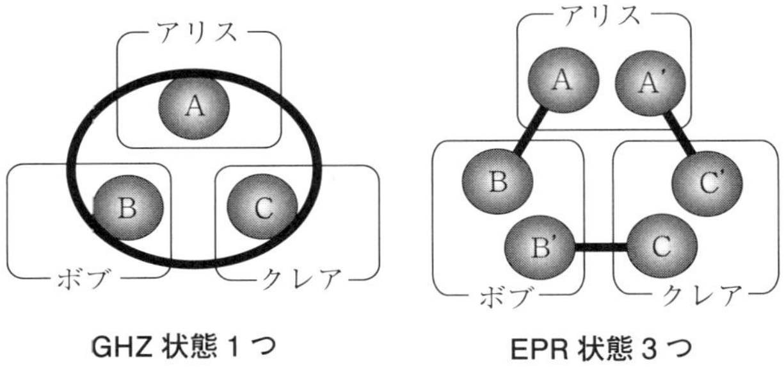

図4-12　量子テレポーテーションネットワークで必要となる量子エンタングルメント。同じネットワークを組むのに、「お安い」GHZ状態1つの場合と、「高くつく」EPR状態3つの場合がある。

それに対し、GHZ状態では、少し前に述べたように、3つのスクイーズド光で済んでしまう。かなり「お安い」ネットワークなのである。

ただ、「お安い」分は、「体で」払わなければならない。つまり、EPR状態を使う場合は、送受信者にならない3人目は休んでいられるが（例えば、アリス・ボブ間の量子テレポーテーションでは、クレアは参加する必要はない）、GHZ状態を使う場合は、常に全員が働かなければならない。もちろん、このような「協業」はGHZ状態では当然で、むしろ、GHZ状態を使いこなしているとも言える。

量子コンピューター実現への第一歩

GHZ状態を用いた量子テレポーテーションネットワークを、量子コンピューターとして考えた場合の「回路図」

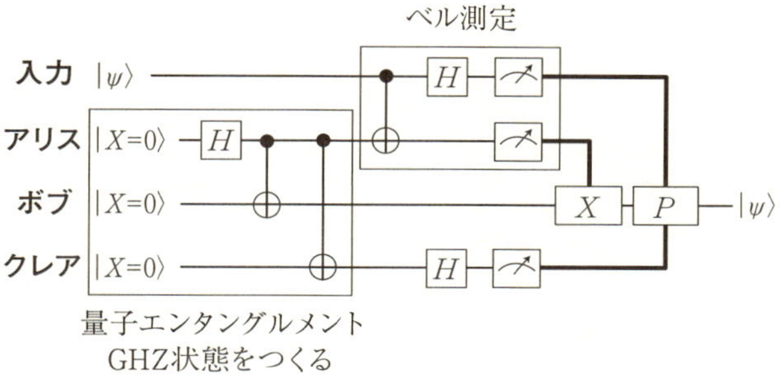

図4-13　量子テレポーテーションネットワークを量子コンピューターとして考えた場合の「回路図」。ただし、アリスからボブへの量子テレポーテーションをクレアの助けを借りて行っている場合である。

を図4－13に示す。ただし、この図は、アリスからボブへの量子テレポーテーションをクレアの助けを借りて行っている場合である。

図4－13から明らかなように、量子テレポーテーションネットワークの成功は、3者間量子エンタングルメントの代表例の一つであるGHZ状態を使いこなしていることの表れであり、複雑な計算をする量子コンピューターを実現するための着実な一歩と言える。すなわち、2者間の量子エンタングルメントから3者間の量子エンタングルメントへの着実な一歩である。

図4－14に、筆者らが行った量子テレポーテーションネットワークの実験装置の写真を示す。量子テレポーテーション実験装置同様、非常にごちゃごちゃしていて説明する

図4-14　筆者らのつくった量子テレポーテーションネットワーク実験装置。

ことはできないが、とても複雑な実験だという印象を持ってもらえるとうれしい。

量子エラーコレクション

筆者らは、最近、さらに「悪のり」して、9者間の量子エンタングルメントをつくって、それを使用する実験に成功した。その「回路図」を図4−15に示す。これは、量子エラーコレクションと呼ばれる。この実験では、量子通信路でエラーが起こっても（ただし、それほど高い頻度ではない）、何事も無かったように、入力と全く同じ状態が出力に現れる。

量子エラーコレクションでは、入力と全く同じ状態が出

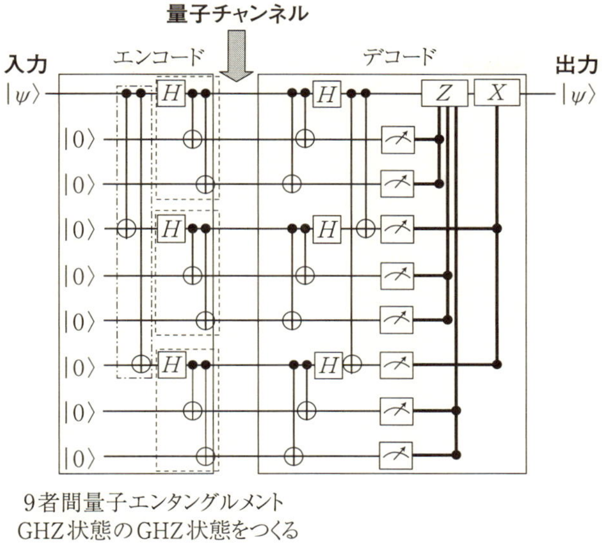

図4-15　筆者らが行った、9者間の量子エンタングルメントをつくって、使っている実験の「回路図」。これは、量子エラーコレクションと呼ばれる。この実験では、量子通信路でエラーが起こっても（ただし、それほど高い頻度ではない）、何事も無かったように、入力と全く同じ状態が出力に現れる。「回路」の中では、9者間量子エンタングルメント（GHZ状態のGHZ状態）が生成されている。

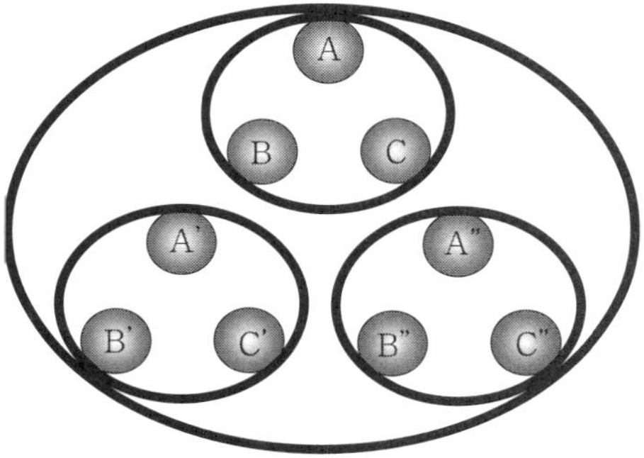

図4-16　筆者らがつくった9者間の量子エンタングルメントのイメージ。GHZ状態のGHZ状態となっている。

力に現れるから、量子テレポーテーションとある意味近いと言える。さらに言うと、「回路」の中では量子エンタングルメントが生成され、ベル測定があり、その測定結果により受信者が状態を変化させるなど、量子テレポーテーションのエッセンスがすべて含まれている。したがって、量子テレポーテーションの応用であると言っても良い。

ここで生成される量子エンタングルメントは9者間量子エンタングルメントである。もう少し詳しく言うと、図4−16で示したように、GHZ状態のGHZ状態である。と言うのも、図4−15の破線と一点鎖線の四角で囲んだ部分は、それぞれGHZ状態を生成する部分である。つまり、破線で囲んだ3つの部分で3つのGHZ状態を生成し、その3つのGHZ状態を一点鎖線で囲んだ部分でGHZ状態にしている。

GHZ状態は3つの量子がエンタングルした状態だから、それらが3つエンタングルすると、3×3＝9で、合計9つの量子がエンタングルすることになる。

さらに複雑な計算を可能にする

量子エラーコレクション実験装置を量子コンピューターと考えると、9つの量子をエンタングルさせ、それを使っていることになるから、量子テレポーテーションネットワークよりさらに、複雑な計算が可能な量子コンピューター実現に近づいたと言えよう。

量子エラーコレクションそのものに関して言えば、本来、量子状態・量子情報にエラーが起こってしまうと、それを元に戻すことは不可能と言われていた。何故なら、エラーが起こったかどうかを確認しようと、量子の状態を測定してしまうと、1−2節で説明したように、量子状態・量子情報が壊れてしまうからである。しかし、量子エンタングルメントとベル測定を使えば、量子そのものの情報を抜き出すことなくエラーの情報のみ得ることができる。その「魔法」によって、量子エラーコレクションが可能になっている。

量子コンピューターに限らず、従来のコンピューターやインターネットなどの情報通信において、エラーコレクションは必須の技術である。量子コンピューターにおいても、量子エンタングルメントを用いて量子エラーコレクションが可能になったことは、革命的な出来事であり、そこにも量子テレポーテーションの手法が生きていることは、いかに量子テレポーテーションが重要かを端的に物語っている。

　最後に、筆者らのつくった量子エラーコレクション実験装置の写真を図4－17に示す。9者間量子エンタングルメントをつくるとなると、ものすごい数の光学素子が必要になるし、その調整も「殺人的」である。

図4-17　筆者らのつくった量子エラーコレクション実験装置。

おわりに

ここまで、できるだけ丁寧に、量子テレポーテーションについて説明してきた。量子テレポーテーションの研究が量子力学の研究そのものであることがわかってもらえたと思う。

さらに、これらの量子力学の研究が、20世紀初頭の思考実験（頭の中の実験）から、21世紀のテクノロジーを用いて、テーブルトップの実験になっていることを実感してもらえたと思う。

「はじめに」で述べたように、物理学徒は「絶滅危惧種」にすらなりつつあるように思える。この本を読んで、物理の面白さ、楽しさを少しでも感じてもらえたら、筆者冥利に尽きる。

少なくとも、筆者自身が物理を楽しんでいることを感じてもらえたら、とてもうれしい（さらに、東大の筆者の研究室のメンバーになってくれたら、もっとうれしい）。

2009年6月　　　　著者

付録A 「式変形」詳細

ここでは、図2−12の「式変形」が正しいことを示す。

まず、「式変形」をもう少し書きやすくするために、普段、物理で使われている記号を以下のように導入する。

$$
\begin{aligned}
\text{入力}\uparrow &= |\uparrow\rangle_{\mathrm{in}} \\
\text{入力}\downarrow &= |\downarrow\rangle_{\mathrm{in}} \\
\text{量子 A}\uparrow &= |\uparrow\rangle_{\mathrm{A}} \\
\text{量子 A}\downarrow &= |\downarrow\rangle_{\mathrm{A}} \\
\text{量子 B}\uparrow &= |\uparrow\rangle_{\mathrm{B}} \\
\text{量子 B}\downarrow &= |\downarrow\rangle_{\mathrm{B}}
\end{aligned}
\tag{A.1}
$$

これを用いると、図2−12の相互作用前は、

$$
\left(a|\uparrow\rangle_{\mathrm{in}} + b|\downarrow\rangle_{\mathrm{in}}\right)\left(|\uparrow\rangle_{\mathrm{A}}|\uparrow\rangle_{\mathrm{B}} + |\downarrow\rangle_{\mathrm{A}}|\downarrow\rangle_{\mathrm{B}}\right) \tag{A.2}
$$

と書ける。

ここからが本当の式変形になるが、まず、式(A.2)の括弧( )を外す。

$$
\begin{aligned}
&\left(a|\uparrow\rangle_{\mathrm{in}} + b|\downarrow\rangle_{\mathrm{in}}\right)\left(|\uparrow\rangle_{\mathrm{A}}|\uparrow\rangle_{\mathrm{B}} + |\downarrow\rangle_{\mathrm{A}}|\downarrow\rangle_{\mathrm{B}}\right) \\
&= a|\uparrow\rangle_{\mathrm{in}}|\uparrow\rangle_{\mathrm{A}}|\uparrow\rangle_{\mathrm{B}} + a|\uparrow\rangle_{\mathrm{in}}|\downarrow\rangle_{\mathrm{A}}|\downarrow\rangle_{\mathrm{B}} \\
&\quad + b|\downarrow\rangle_{\mathrm{in}}|\uparrow\rangle_{\mathrm{A}}|\uparrow\rangle_{\mathrm{B}} + b|\downarrow\rangle_{\mathrm{in}}|\downarrow\rangle_{\mathrm{A}}|\downarrow\rangle_{\mathrm{B}}
\end{aligned}
\tag{A.3}
$$

同様に、図2−12の相互作用後は、

$$
\begin{aligned}
&\left(|\uparrow\rangle_{\mathrm{in}}|\uparrow\rangle_{\mathrm{A}}+|\downarrow\rangle_{\mathrm{in}}|\downarrow\rangle_{\mathrm{A}}\right)\left(a|\uparrow\rangle_{\mathrm{B}}+b|\downarrow\rangle_{\mathrm{B}}\right)\\
+&\left(|\uparrow\rangle_{\mathrm{in}}|\uparrow\rangle_{\mathrm{A}}-|\downarrow\rangle_{\mathrm{in}}|\downarrow\rangle_{\mathrm{A}}\right)\left(a|\uparrow\rangle_{\mathrm{B}}-b|\downarrow\rangle_{\mathrm{B}}\right)\\
+&\left(|\uparrow\rangle_{\mathrm{in}}|\downarrow\rangle_{\mathrm{A}}+|\downarrow\rangle_{\mathrm{in}}|\uparrow\rangle_{\mathrm{A}}\right)\left(a|\downarrow\rangle_{\mathrm{B}}+b|\uparrow\rangle_{\mathrm{B}}\right)\\
+&\left(|\uparrow\rangle_{\mathrm{in}}|\downarrow\rangle_{\mathrm{A}}-|\downarrow\rangle_{\mathrm{in}}|\uparrow\rangle_{\mathrm{A}}\right)\left(a|\downarrow\rangle_{\mathrm{B}}-b|\uparrow\rangle_{\mathrm{B}}\right)
\end{aligned}
\tag{A.4}
$$

括弧（　）を外すと、

$$
\begin{aligned}
&\left(|\uparrow\rangle_{\mathrm{in}}|\uparrow\rangle_{\mathrm{A}}+|\downarrow\rangle_{\mathrm{in}}|\downarrow\rangle_{\mathrm{A}}\right)\left(a|\uparrow\rangle_{\mathrm{B}}+b|\downarrow\rangle_{\mathrm{B}}\right)\\
+&\left(|\uparrow\rangle_{\mathrm{in}}|\uparrow\rangle_{\mathrm{A}}-|\downarrow\rangle_{\mathrm{in}}|\downarrow\rangle_{\mathrm{A}}\right)\left(a|\uparrow\rangle_{\mathrm{B}}-b|\downarrow\rangle_{\mathrm{B}}\right)\\
+&\left(|\uparrow\rangle_{\mathrm{in}}|\downarrow\rangle_{\mathrm{A}}+|\downarrow\rangle_{\mathrm{in}}|\uparrow\rangle_{\mathrm{A}}\right)\left(a|\downarrow\rangle_{\mathrm{B}}+b|\uparrow\rangle_{\mathrm{B}}\right)\\
+&\left(|\uparrow\rangle_{\mathrm{in}}|\downarrow\rangle_{\mathrm{A}}-|\downarrow\rangle_{\mathrm{in}}|\uparrow\rangle_{\mathrm{A}}\right)\left(a|\downarrow\rangle_{\mathrm{B}}-b|\uparrow\rangle_{\mathrm{B}}\right)\\
=&\;|\uparrow\rangle_{\mathrm{in}}|\uparrow\rangle_{\mathrm{A}}\,a|\uparrow\rangle_{\mathrm{B}}+|\uparrow\rangle_{\mathrm{in}}|\uparrow\rangle_{\mathrm{A}}\,b|\downarrow\rangle_{\mathrm{B}}\\
&+|\downarrow\rangle_{\mathrm{in}}|\downarrow\rangle_{\mathrm{A}}\,a|\uparrow\rangle_{\mathrm{B}}+|\downarrow\rangle_{\mathrm{in}}|\downarrow\rangle_{\mathrm{A}}\,b|\downarrow\rangle_{\mathrm{B}}\\
&+|\uparrow\rangle_{\mathrm{in}}|\uparrow\rangle_{\mathrm{A}}\,a|\uparrow\rangle_{\mathrm{B}}-|\uparrow\rangle_{\mathrm{in}}|\uparrow\rangle_{\mathrm{A}}\,b|\downarrow\rangle_{\mathrm{B}}\\
&-|\downarrow\rangle_{\mathrm{in}}|\downarrow\rangle_{\mathrm{A}}\,a|\uparrow\rangle_{\mathrm{B}}+|\downarrow\rangle_{\mathrm{in}}|\downarrow\rangle_{\mathrm{A}}\,b|\downarrow\rangle_{\mathrm{B}}\\
&+|\uparrow\rangle_{\mathrm{in}}|\downarrow\rangle_{\mathrm{A}}\,a|\downarrow\rangle_{\mathrm{B}}+|\uparrow\rangle_{\mathrm{in}}|\downarrow\rangle_{\mathrm{A}}\,b|\uparrow\rangle_{\mathrm{B}}\\
&+|\downarrow\rangle_{\mathrm{in}}|\uparrow\rangle_{\mathrm{A}}\,a|\downarrow\rangle_{\mathrm{B}}+|\downarrow\rangle_{\mathrm{in}}|\uparrow\rangle_{\mathrm{A}}\,b|\uparrow\rangle_{\mathrm{B}}\\
&+|\uparrow\rangle_{\mathrm{in}}|\downarrow\rangle_{\mathrm{A}}\,a|\downarrow\rangle_{\mathrm{B}}-|\uparrow\rangle_{\mathrm{in}}|\downarrow\rangle_{\mathrm{A}}\,b|\uparrow\rangle_{\mathrm{B}}\\
&-|\downarrow\rangle_{\mathrm{in}}|\uparrow\rangle_{\mathrm{A}}\,a|\downarrow\rangle_{\mathrm{B}}+|\downarrow\rangle_{\mathrm{in}}|\uparrow\rangle_{\mathrm{A}}\,b|\uparrow\rangle_{\mathrm{B}}
\end{aligned}
$$

$$
\begin{aligned}
&= 2\Big(a|\uparrow\rangle_{\mathrm{in}}|\uparrow\rangle_{\mathrm{A}}|\uparrow\rangle_{\mathrm{B}} + a|\uparrow\rangle_{\mathrm{in}}|\downarrow\rangle_{\mathrm{A}}|\downarrow\rangle_{\mathrm{B}} \\
&\quad + b|\downarrow\rangle_{\mathrm{in}}|\uparrow\rangle_{\mathrm{A}}|\uparrow\rangle_{\mathrm{B}} + b|\downarrow\rangle_{\mathrm{in}}|\downarrow\rangle_{\mathrm{A}}|\downarrow\rangle_{\mathrm{B}} \Big)
\end{aligned}
\tag{A.5}
$$

式（A.3）と式（A.5）から、図2−12の相互作用前後は係数の2を除いて等しいことがわかる。

付録B　参考図書

大槻　義彦　編・古澤　明　他『現代物理最前線５』共立出版　2001
古澤　明『量子光学と量子情報科学』数理工学社　2005
宮野健次郎・古澤　明『量子コンピュータ入門』日本評論社　2008

さくいん

N.D.C.421.3　185p　18cm

ブルーバックス　B-1648

量子(りょうし)テレポーテーション

瞬間移動は可能なのか？

2009年8月20日　第1刷発行
2022年3月17日　第5刷発行

著者　古澤(ふるさわ)　明(あきら)
発行者　鈴木章一
発行所　株式会社講談社
〒112-8001 東京都文京区音羽2-12-21
電話　出版　03-5395-3524
販売　03-5395-4415
業務　03-5395-3615
印刷所　（本文印刷）豊国印刷株式会社
（カバー表紙印刷）信毎書籍印刷株式会社
本文データ制作　講談社デジタル製作
製本所　株式会社国宝社

定価はカバーに表示してあります。

ISBN978-4-06-257648-2

発刊のことば

科学をあなたのポケットに

二十世紀最大の特色は、それが科学時代であるということです。科学は日に日に進歩を続け、止まるところを知りません。ひと昔前の夢物語もどんどん現実化しており、今やわれわれの生活のすべてが、科学によってゆり動かされているといっても過言ではないでしょう。

そのような背景を考えれば、学者や学生はもちろん、産業人も、セールスマンも、ジャーナリストも、家庭の主婦も、みんなが科学を知らなければ、時代の流れに逆らうことになるでしょう。

ブルーバックス発刊の意義と必然性はそこにあります。このシリーズは、読む人に科学的に物を考える習慣と、科学的に物を見る目を養っていただくことを最大の目標にしています。そのためには、単に原理や法則の解説に終始するのではなくて、政治や経済など、社会科学や人文科学にも関連させて、広い視野から問題を追究していきます。科学はむずかしいという先入観を改める表現と構成、それも類書にないブルーバックスの特色であると信じます。

一九六三年九月

野間省一

ブルーバックス　物理学関係書 (I)

ブルーバックス　物理学関係書(II)

ブルーバックス　コンピュータ関係書

1084 図解 わかる電子回路　加藤 肇／見城尚志／高橋 久
1430 Excelで遊ぶ手作り数学シミュレーション　田沼晴彦
1656 今さら聞けない科学の常識2　朝日新聞科学グループ＝編
1753 理系のためのクラウド知的生産術　堀 正岳
1769 入門者のExcel VBA　立山秀利
1783 知識ゼロからのExcelビジネスデータ分析入門　住中光夫
1791 卒論執筆のためのWord活用術　田中幸夫
1802 実例で学ぶExcel VBA　立山秀利
1825 メールはなぜ届くのか　草野真一
1837 理系のためのExcelグラフ入門　金丸隆志
1850 入門者のJavaScript　立山秀利
1881 プログラミング20言語習得法　小林健一郎
1926 SNSって面白いの？　草野真一
1950 実例で学ぶRaspberry Pi電子工作　金丸隆志
1962 脱入門者のExcel VBA　立山秀利
1977 カラー図解 最新Raspberry Piで学ぶ電子工作　金丸隆志
1989 入門者のLinux　奈佐原顕郎
1999 カラー図解 Excel「超」効率化マニュアル　立山秀利
2001 人工知能はいかにして強くなるのか？　小野田博一
2012 カラー図解 Javaで始めるプログラミング　高橋麻奈
2045 サイバー攻撃　中島明日香
2049 統計ソフト「R」超入門　逸見 功
2052 カラー図解 Raspberry Piではじめる機械学習　金丸隆志
2072 入門者のPython　立山秀利
2083 ブロックチェーン　岡嶋裕史
2086 Web学習アプリ対応 C語入門　板谷雄二